U0176752

张磊 著

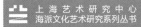

上海艺术研究中心
海派文化艺术研究系列丛书

上海建筑遗产
保护再利用研究

RESEARCH ON THE CONSERVATION AND
REUSE OF SHANGHAI'S ARCHITECTURAL HERITAGE

上海人民出版社

目　录

导　论 1

一、建筑遗产的界定　3

二、建筑遗产概念的辨析　4

1. 文化遗产　4

2. 不可移动文物　5

3. 文物保护单位　5

4. 历史建筑　6

5. 建筑遗产　7

三、上海建筑遗产保护与再利用的发展和困惑　7

四、文旅融合视角下的上海建筑遗产保护再利用探索　10

第一章　上海建筑遗产概述 13

一、古代上海建筑　14

二、近代上海建筑　19

1. 不同时期的上海近代建筑　22

2. 近代上海的公共建筑　23

3. 近代上海的居住建筑　32

三、当代上海建筑　35

1. 新中国成立后的上海当代建筑（1949—1977 年）　35

2. 改革开放后的上海当代建筑（1978 年至今） 38

四、上海历史文化街区 44

　　1. 历史文化街区的概念 44

　　2. 上海历史文化街区的分布及范围 44

　　3. 上海历史文化街区的分类与比较 46

五、上海历史文化村镇 55

　　1. 朱家角镇 56

　　2. 罗店镇 57

　　3. 嘉定镇 58

　　4. 南翔镇 60

　　5. 枫泾镇 60

　　6. 张堰镇 63

　　7. 川沙新镇 64

　　8. 高桥镇 65

　　9. 新场镇 66

　　10. 金泽镇 67

　　11. 练塘镇 68

　　12. 浦江镇革新村 69

　　13. 泗泾镇下塘村 70

第二章　文旅融合背景下的上海工业遗产保护再利用 73

一、上海工业遗产现状 75

　　1. 上海工业遗产的基本特点 75

　　2. 上海工业遗产保护再利用的现状和成效 81

二、上海工业遗产保护再利用的问题与挑战 84

　　1. 工业遗产的区域保护规划缺乏整体性 84

　　2. 工业遗产的保护再利用法律法规不健全 85

　　3. 工业遗产的评价体系尚待完善，缺乏有影响力的工业遗产 86

4. 工业遗产的保护以个案为主，统筹保护不够　87

5. 工业遗产的再利用模式较为单一，效益化开发难　88

6. 工业遗产的资金募集缺乏政策吸引各方力量，资金瓶颈日益突显　91

7. 工业遗产的保护再利用大众参与度不够　92

三、上海工业遗产保护再利用的思路与对策　93

1. 加强工业遗产区域整体保护，维护完整性和真实性　93

2. 完善工业遗产保护再利用的相关政策，健全管理与立法机制　94

3. 全面开展工业遗产价值评估，分级分类科学保护　95

4. 丰富工业遗产再利用的功能类型，控制好功能业态　97

5. 拓展工业遗产开发模式多元化，多角度表现工业历史文化　97

6. 多渠道筹措工业遗产保护资金，建立有效的鼓励机制　99

7. 推动工业遗产的公共参与度，加大公众开放性　99

8. 切实完善保障措施，建立统筹协调推进机制　100

9. 积极发展工业遗产旅游，赋能文旅消费新方式　101

第三章　上海红色文化遗产保护利用协同发展的策略研究　105

一、上海红色文化遗产现状　107

1. 上海红色文化资源家底基本摸清　107

2. 红色文化资源保护重点项目有力推进　109

3. 整合红色文化遗产资源，促进文旅商融合发展　111

4. 积极打造红色演艺内容产业　112

二、上海红色文化遗产保护利用中存在的不足和问题　114

1. 内涵挖掘不足制约了红色精神的阐释　114

2. 利用方式单调削弱了红色文化的影响　115

3. 城市发展定位忽略了红色文化的价值　115

4. 红色文化资源整合力度不够，传播能力需进一步增强　116

5. 红色遗址保护力度有待于进一步加大　117

三、上海红色文化遗产保护利用协同发展的路径研究 117

  1. 挖掘红色文化内涵，注重红色精神阐释 117

  2. 创新红色产品形态，强化在场实践体验 119

  3. 加强红色文化统筹，抓好红色资源顶层设计 120

  4. 加大跨区域联动，推进文旅商融合发展 121

  5. 大力推进上海红色文化遗产的保护和再利用 123

  6. 拓宽红色文化品牌营销，挖掘红色遗址教育潜力 124

第四章 留住上海的"乡愁"——石库门建筑的保护再利用 127

一、石库门的历史 128

  1. 19 世纪 70 年代初的石库门 129

  2. 20 世纪 10 年代的石库门 130

  3. 20 世纪 30 年代后的石库门 133

二、上海石库门保护现状及存在问题 134

  1. 石库门分布与规模 134

  2. 石库门现状与存在问题 134

三、上海石库门保护和再利用的探索 139

  1. 新天地模式 139

  2. 田子坊模式 142

  3. 步高里模式 147

  4. 建业里模式 150

四、国外保护经验借鉴 153

五、上海石库门保护再利用对策探索 154

  1. 完善运行机制，加强调控力度 155

  2. 建立科学的评价体系，设置多种保护模式 157

  3. 建立适当的利益互补机制，降低居住密度 158

  4. 鼓励自发性保护，维护原住民利益 159

  5. 强调"渐进式"动态发展，完善保护措施 160

第五章　从历史街区到网红城市空间的融合路径　163

一、上海历史街区发展现状　165

　　1. 上海历史街区的价值　166

　　2. 上海历史街区更新现状　168

二、上海历史街区开发中存在的问题　172

　　1. 建筑特质弱化，空间格局模糊　173

　　2. 开发模式存在偏差，历史人文情怀与商业化有冲突　174

　　3. 文化旅游资源尚待挖掘，存在浅表化、同质化等问题　175

　　4. 传播内容泛娱乐化消解街区历史底蕴，造成城市形象偏差　176

　　5. 游客数量激增带来环境问题，管理和配套不到位　177

三、上海历史街区到网红城市空间的融合路径分析　178

　　1. 依托历史建筑改造，还原完整街区肌理，形成深层次的文化赋能　179

　　2. 注重文化内涵，充分挖掘本地文化，提高街区形象识别性　180

　　3. 保障多元产业及文化共存，多样化历史街区功能业态　181

　　4. 丰富旅游产品让流量变现，文商旅融合转型升级街区　182

　　5. 创新智媒传播内容，保持创意创新，强化内容吸引力　184

　　6. 建设大数据开放共享体系，提高历史街区公共空间活跃度　185

　　7. 整合周边资源，完善公共服务设施，提升历史街区游览氛围　186

第六章　文创产业驱动下的上海古镇转型升级发展研究　189

一、上海古镇现状　190

　　1. 江南古镇的保护和开发已有多种模式　191

　　2. 上海古镇更新现状　193

二、上海古镇发展困境　199

　　1. 东西部区域存在不均衡发展，保护与开发方法的单一化　200

　　2. 古镇规划缺少科学意识，建筑保护没有得到应有的重视　200

3. 同质化竞争损害整体利益，过度商业化成致命伤　201

4. 本土文化遭遇生存危机，社会公平受到严重威胁　203

5. 人口流动带来社会结构变化，原住民外迁使得人文环境逐渐变质　204

6. 生态环境状况不尽如人意，配套设施不完善　205

三、上海古镇转型升级策略　207

1. 挖掘古镇文化底蕴，古镇更新要凸显地方特色　208

2. 保护古建筑，保护与开发并存，多元营销模式　208

3. 杜绝商业泛滥，避免陷入同质化竞争中　209

4. 提炼文化基因，融入创新创意元素　210

5. 将文创植入和渗透到古镇发展各领域，发展多元业态　211

6. 积极推动创新融资模式的参与，政策激励吸引文创人才　212

7. 维持古镇原住民的原生态形式　212

8. 古镇更新要坚持可持续发展原则，坚持合理开发原则　213

第七章　"建筑可阅读"视角下的上海历史建筑活化策略　215

一、上海历史建筑活化的现状和进展　216

1. 历史建筑保护力度不断加大　217

2. 历史建筑阅读宽度不断丰富　218

3. 历史建筑活化深度不断拓展　219

二、上海历史建筑活化的问题和难点　220

1. 历史建筑的开放力度不够，阅读方式碎片化　221

2. 历史建筑的保护大量资源向知名建筑倾斜，可持续利用不足　222

3. 历史建筑活化还存在传统思维模式，缺乏创新举措　222

三、"建筑可阅读"视角下的上海历史建筑活化策略　223

1. 重视历史建筑的保护修缮，鼓励活化利用　224

2. 统筹文旅资源，做强全域旅游　226

3. 推进建筑可阅读服务体系建设，提高公众参与度　226

4. 创新方式构筑建筑阅读文化谱系，构建多样化的传播矩阵　227

5. 抓住数字文旅机遇，大力发展在线文旅　228

6. 深入挖掘国际经验，为历史建筑活化提供借鉴　229

结　语 231

参考文献 234

导论

　　建筑遗产是历史、科学与艺术的结合体，是不可再生的文化资源和宝贵的文化遗存。它既浓缩着过去，又影响着未来，承载着城市远久的记忆和永恒的文化传承，见证了社会文明的发展进程。对于任何一个民族、一个国家来说，它都是一笔宝贵的文化财富。

　　中国的建筑遗产，是中华民族发展壮大源远流长的实物见证，是弘扬和延续中华优秀传统文化的历史根脉。

　　作为一种不可再生的、不能再造、不可替代的历史文化资源，建筑遗产具有深厚的历史文化价值。建筑遗产保护是城乡建设的重要内容之一，是文化遗产保护体系的重要组成，对建筑遗产保护工作的良莠可以折射出一个国家或者一个地区发展综合实力的高低。新中国成立以后，文物保护成为国家文化事业的重要组成部分，通过建立机构、颁布法规、开展普查等一系列措施，我国建筑遗产保护工作取得了显著成效。

　　进入 21 世纪以来，随着我国文化遗产事业的进步和发展，建筑遗产的保护与利用问题受到了政府、学者和公众的广泛关注。在 2013 年召开的中央城镇化工作会议上，习近平总书记提出城镇化建设应让居民"记得住乡愁"和"延续城市历史文脉"。在随后颁布实施的《国家新型城镇化规划（2014—2020 年）》中提到"发掘城市文化资源，强化文化传承创新，把城市建设成为历史底蕴厚重、时代特色鲜明的人文魅力空间"。2016 年习近平总书记又指出："要增强城市宜居性，引导调控城市规模，优化城市空间布局，保护历史文化遗产。"还提出："要将经济发展、新型城镇化建设以及文物保护有机结合起来，合理利用文物资源，切实加大保护力度，协调发展，努力走出一条符合国情的保护利用之路"。同年，国务院印发的《关于进一步加强文物工作的指导意见》中明确提出要完善文物认定标准，保护遗产完整真实历史信息。2017 年，党的十九大报告中提出"加强文化遗产保护传承"。同年，住建部提出 10 个首批历史建筑保护利用试点城市。2021 年，住建部印发《关于进一步加强历史文化街区和历史建筑保护工作的通知》，提出完善保护目录、挂牌建档、修复修建和听取公众意见等公告。这不仅说明我国建筑遗产保护意识已经显著提高，也体现出我国相关保护工作已经转向具体分项研究和开始落实阶段，各项工作都在加紧推进。

随着我国文化遗产事业的进步和发展，"遗产"概念的内涵和外延不断得到扩展。本书先对建筑遗产的概念进行界定，其后章节将从建筑遗产存量、保护政策、保护手段等几个方面阐述上海建筑遗产保护现状，并结合上海历史建筑、文化街区、特色小镇等建设，从文旅融合的角度研究建筑遗产的保护和再利用，为上海建筑遗产的可持续发展探寻独具匠心的保护路径。

一、建筑遗产的界定

建筑，是建筑物与构筑物的总称，是人们为了满足社会生活需要，利用所掌握的物质技术手段，并运用一定的科学规律、风水理念和美学法则创造的人工环境。建筑既具有物质功能，又具有艺术功能。遗产，是指历史上遗留下来的精神财富或物质财富。建筑遗产的概念与内涵一直在不断发展和完善中，目前尚未有统一明确的权威定义。

《国际古迹保护与修复宪章》中将"建筑遗产"定义为不仅是建筑单体，而且还包括能够见证文明、人物、事件的城市、乡村等。《威尼斯宪章》指出："历史文物建筑的概念，不仅包含个别的建筑作品，而且包含能够见证某种文明、某种有意义的发展或某种历史事件的城市或乡村环境，这不仅适用于伟大的艺术作品，也适用于由于时光流逝而获得文化意义的在过去比较不重要的作品。"《中国建筑遗产保护基础理论》中对建筑遗产的解释是："人类文明进程中各种营造活动所创造的一切实物，具体地说包括各种建筑物、构筑物，以及城市、村镇和它们的环境。建筑遗产的基本属性是有形的、不可移动的、物质性的实体。"成为建筑遗产应该具备历史和价值两个条件：历史方面要注意的是建筑建成时间的长度没有标准，总体呈越来越短的趋势；价值方面要注意不是所有建筑遗存都是建筑遗产，只有具有较高价值的建筑遗存才是建筑遗产。这里，"价值"的内涵是随着认识的进步而不断深化的，对应的建筑遗产保护内容也不是一成不变的。

本书研究的建筑遗产，可以概括为是历史遗留下来的具有一定综合价值和研究价值的建筑物与构筑物的统称，是指能够承载文化意义和历史信息、对社会生活和城市环境具有重要意义、体现建筑美学价值和发展历程、应当被视为建成环境遗产而加以保留的建筑、街区、城市、村镇等。这些建筑单体或群落，凝聚了城市、乡村等区域历史、文化、艺术、经济等多重信息，是人类发展的历史见证。

二、建筑遗产概念的辨析

建筑遗产的类型与范围是极为多样的，与文化遗产、不可移动文物、历史建筑等有着千丝万缕的联系，但也都存在着不同。

1. 文化遗产

1972年，《保护世界文化和自然遗产公约》将具有突出的普遍价值的历史文物、历史建筑（群）、人类文化遗址等列为文化遗产。1999年，《国际文化旅游宪章（重要文化古迹遗址旅游管理原则和指南）》将文化遗产定义为"是在一个社区内发展起来的、经过世代流传下来的对生活方式的一种表达，包括习俗、惯例、场所、物品、艺术表现和价值"。直到21世纪，文化遗产的概念都不是整体意义上的，往往只涉及某些特殊类型。2005年，中国国务院发布《国务院关于加强文化遗产保护的通知》，在我国首次引入"文化遗产"的保护概念，它包括了具有历史、艺术和科学价值的古遗址、古墓葬、古建筑、石窟寺、石刻、壁画、近代现代重要史迹及代表性建筑等不可移动文物，历史上各时代的重要实物、艺术品、文献、手稿、图书资料等可移动文物，以及在建筑式样、分布均匀或与环境景色结合方面具有突出普遍价值的历史文化名城（街区、村镇）等有形的物质文化遗产，也包括了民俗、民间工艺等无形的非物质文化遗产。文化遗产的项目还在不断出现一些新的类型，如文化景观的概念，反映了人和自然共同作用的一个结果，产生一种特殊的人类文化的面貌。

2. 不可移动文物

不可移动文物是文物的重要组成部分，是相对可移动文物而言的。文物是历史遗留下来具有科学、文化、建筑、艺术等价值的遗迹、遗物，它的产生是一个历史的过程，是需要通过时间的考验的。不可移动文物作为文物的一部分，应是具有代表性，特别是在反映历代社会制度、生产生活、科学技术、文化艺术等方面具代表性的实物，涵盖政治、军事、宗教、祭祀、居住、生活、娱乐、劳动、社会、经济、教育等多方面领域，弥补了文字和历史等纪录不足之处。它们一般体量较大，不能或不宜于整体移动。

2007 年，国家文物局《第三次全国文物普查不可移动文物认定标准》指出，"实际存在，具有历史、艺术、科学价值的不可移动历史文化遗存，均应认定为不可移动文物"。《中华人民共和国文物保护法》第三条将不可移动文物分类为古文化遗址、古墓葬、古建筑、石窟寺、石刻、壁画、近代现代重要史迹和代表性建筑等。古建筑有木质结构、砖石结构建筑及其他结构的建筑，主要包括宫殿府邸、宅第民居、学堂书院、坛庙祠堂、寺观塔幢、店铺作坊、牌坊影壁、苑囿园林、亭台楼阙、城垣城楼、驿站会馆、桥涵码头、池塘井泉、堤坝渠堰等；近代现代重要史迹和代表性建筑主要有：名人旧故居、传统民居、金融商贸建筑、重要历史事件和重要机构旧址、重要历史事件及任务活动纪念地、中华老字号、宗教建筑、医疗卫生建筑、名人墓、烈士墓及纪念设施、工业建筑及附属物、交通道路设施、典型风格建筑或构筑物等。

3. 文物保护单位

文物保护单位是对确定纳入保护对象的不可移动文物的统称，包括文物保护单位本体及周围一定范围实施重点保护的区域。文物保护单位是指具有重大历史、艺术、科学价值的古文化遗址、古墓葬、古建筑、石窟寺和石刻等，它们是古代科学技术信息的媒体，对于科技史和科学技术研究有着重要意义。《中华人民共和国文物保护法》第十三条规定，文物保护单位分为三级，即全国重点文物保护单位、省级文物保护单位和市县级文物保护单位，根据其级别分别由中华人民共和国国务院、省级政府、市县级政府划定保护范围，设立文物保护标志及说明，建立记录档案，并区别情况分别设置专门机构或者专人负责管理。尚未核定公布为文物保护单位的不可移动文物，由县级人民政府文物行政部门予以登记并公布。2019 年 10 月，新增第八批全国重点文物保护单位共计 762 处，以及与现有国保单位合并的项目 50 处。

4. 历史建筑

1982 年，英国国际古迹及遗址理事会主席伯纳德·费尔顿指出："历史建筑是会令我们想去了解更多有关创造它的民族和文化的建筑物，具有历史、美学、考古、社会、经济甚至是政府精神象征性的价值。"2008 年，中国国务院颁布的《历史文化名城名镇名村保护条例》第八条中提出，申报历史文化名城、名镇、名村，提交的材料中包括"不可移动文物、历史建筑、历史文化街区的清单"；第四十七条将历史建筑定义为"经城市、县人民政府确定公布的具有一定保护价值，能够反映历史风貌和地方特色，未公布为文物保护单位，也未登记为不可移动文物的建筑物、构筑物。"综上，历史建筑被赋予了相应的法定概念，并通过规范性文件进行了诠释。

历史建筑和文物保护单位及不可移动文物的建筑物、构筑物有一定区别：文物建筑是具有一定文物价值的建筑，历史建筑是具有一定建筑价值的建筑。建筑遗产包括历史建筑，它们在样式、结构、技术、工艺、用材等方面拥有延续价值，或在特定时代、地域上能够反映当地民俗传统文化，或对产业发展有积极影响如一些代表性商铺、作坊等，又或是与名人事迹、近现代重要历史事件等密切相关的建筑物、构筑物。

5. 建筑遗产

建筑遗产较其他文化遗产而言，是传承和弘扬历史文化信息的重要实物存在，是彰显文化自信的重要载体，具有很强的公共文化意义。建筑遗产是人类历史的实物遗存，它既是人类社会政治、经济、文化等活动的载体，也是先人勤劳与智慧的结晶。

从以上比较分析可以看出，现行的法律、条例中有关建筑遗产的概念都是比较狭义、片面的。《中华人民共和国文物保护法》虽从保护范围、修缮等方面对被列为文物保护单位的古建筑、近现代重要史迹等不可移动文物进行了规定，但将文物保护单位、文物保护点等同于建筑遗产，不够全面，不够精确。现实社会中尚有许多保存较为完好且具一定价值，但未被纳入保护范畴的建筑遗产在各地有分布，这些同样需要保护与传承。对建筑遗产保护的研究应当是全方位的，对各种无论有无保护级别或级别较低但具有时代和地域特色、具有一定代表性的建筑物、构筑物都应当进行研究。

综上所述，本书研究的建筑遗产属于文化遗产中的物质文化遗产，包括不可移动文物中的一部分，是具有一定历史、科学、艺术价值且反映城市风貌和地方特色等特征的古建筑、参与过重大历史事件等具有重要意义的近现代重要史迹，和代表性建筑中具有历史、艺术和科学价值的不可移动文物，以及未被确定级别但具有代表性，在所在地生产发展中起到一定影响的建筑物、构筑物，同时也包括在建筑样式、分布或与环境景色结合方面具有突出普遍价值的历史文化街区、历史文化村镇、历史文化名城等物质文化遗产。

三、上海建筑遗产保护与再利用的发展和困惑

西方国家对历史建筑的保护研究兴起于19世纪，至20世纪60年代由考古真正地融入社会文化生活之中，20世纪70年代中后期，建筑保护开始和城市建设与社会发展紧密地结合起来，经历了从"物质性修复"到"新城市复

新"的实践性探索与社会经济、文化生活的统一融合,一大批没落的建筑遗产得到了再利用,回归社会生活。我国的建筑保护与修复意识形成较晚。梁思成先生首先强调了历史建筑对于城市文化延续的重要性,指出,"一个东方老国的城市,在建筑上,如果完全失掉自己的艺术特性,在文化表现及观瞻方面都是大可痛心的。因这事实明显的代表着我们文化衰落,至于消灭的现象。"20世纪八九十年代,在上海、广州等大城市出现了一批以改建形式保留下来的建筑遗产,但对建筑遗产的保护与再利用研究较为单一,可扩展性尚未成熟,只在部分城市初见成效,如上海花园饭店等。伴随着我国城市化步伐的加快与产业结构的调整,对建筑遗产的保护与再利用课题陆续出现在二、三线城市。直到21世纪,建筑遗产的命运似乎在零星的改建中慢慢地出现生机,对其再利用的规模逐步扩大,如上海的田子坊、新天地、1933老场坊等。现今,国内许多城市开始了对建筑遗产的广泛关注,特别是对建筑遗产的再利用范围逐渐扩大,有对单体建筑的再利用改造,也有对建筑群组的改建再利用,改建项目日益增多,如上海水舍酒店等。这些更新与再利用将建筑遗产的外在形式与内在的精神价值得以再续,并将历史建筑融入时代与人们的城市生活之中。但由于我国对建筑遗产保护与再利用起步较晚,推进阶段尚不成熟,导致部分建筑遗产不当修复与过度商业化开发,使我国建筑遗产的保护与再利用发展面临严峻的考验。如兴起于2000年前后的上海田子坊,暴露出商业发展与居民生活矛盾日益加剧问题,这些问题不得不使我们对建筑遗产的保护与再利用进行深刻反思,并展开细致的研究与正确合理的借鉴。

2011年第三次全国文物普查结果显示,我国有不可移动文物76万处,其中建筑类遗产40万处。随着城市化进程、城中村改造等工作加速推进,城市建设取得了前所未有的成就,但伴随其来的建筑遗产被破坏或拆除事件频频发生,大量建筑遗产难以融入新的城市建构,对其的保护工作面临着前所未有的挑战。这些建筑遗产面临着多方面的问题:一部分被文保单位保护,空置不用,日久残破、亟待维护;一部分历史建筑被过度修复,破坏了文化遗产的原真性和完整性；还有一部分成为商业利益的牺牲品，丧失了它们本有的文化属性与精神价值。建筑遗产遭到随意破坏、强制拆除的事件不止一次地发生，令人惋惜和痛心。类似这种现象不仅漠视了法律的威严，同时也使得历史记忆在逐步消逝，城市文脉也在逐渐断绝。现实中还存在着许多保护级别较低的或者未被纳入保护级别的建筑物、构筑物正在或是已经遭受损毁。

对建筑遗产的保护不仅是对建筑本身，也包括了它所处的环境。随着时代的变迁、交通的发达、建筑遗产原住民的迁移，建筑遗产原有的独特文化和社会关系也因建筑遗产居民的变迁而渐渐变淡。这些面临拆除、被时代遗弃、被不当"修复"的建筑遗产，是人类文化生活、技艺等信息叠加的载体，是城市完整形象和历史沿革的见证。它们凝聚着人们对往昔岁月的追忆。高速发展的经济和城市建设，给建筑遗产保护带来了前所未有的冲击和挑战，一部分建筑遗产还失去了原有的历史社会价值与文化精神意义，需要对这些具有历史意义的建筑遗产进行调查，保护其悠久的历史、丰富的文化、深厚的底蕴，使其能够得以传承和延续。

近年来，对建筑遗产的再利用实例日益增多，但其再生性与城市的机能联系却显得心余力绌。从各个城市的"明清一条街"可见，我们似乎已生活在复制的城市之中，看到城市渐渐丧失了"自我"。在商业化利益的驱动下，历史建筑的保护与再利用该何去何从？旧建筑的改造如同医生做手术是为了治愈人而不是为了杀死人，改造是为了弥补旧建筑的不足，而不是为了抹掉旧建筑本身。改造应带有明确的功能目的，注重改造的有效性。保护与再利用不仅仅是对建筑遗产的外部修缮与再生功能的商业开发，对建筑遗产的保护是为了延续其本身具有的文化、艺术及精神价值；对其功能的重生则是使之与城市机能相协调的再利用，使其成为城市机体运作的一部分，而不是脱离城市存在的独立个体。

许多城市的发展忽视了对建筑遗产的再生功能进行梳理、评价和调查，致使它们随着城市的更新而消亡。这种观念的城市更新，是在毁灭一个城市的印记、一段城市的历史、一个城市的财富。一些蕴含着丰富历史文化底蕴和人文气息的建筑遗产在大发展的趋势下正面临着诸多矛盾与尴尬。面对快速现代化、市场化的浪潮及日渐世俗化、碎片化的现实社会，在这样的一种形势下，如何对大量的建筑遗产进行保护与再利用，使其得以重生，不仅有重要的文化意义，促进文化自信在上海的可持续发展，而且也是城市更新改造面临的现实问题，是建筑遗产保护研究的重要课题。

四、文旅融合视角下的上海建筑遗产保护再利用探索

文旅融合是指挖掘并优化文化旅游资源，提升文旅吸引力的建设活动。近年来，随着人民生活水平与精神需求的提高，文化旅游成为一种新的消费方式，而建筑遗产作为历史和民族的见证，蕴含着浓厚的文化内涵，因此建筑遗产旅游在国内发展迅速。其背后的历史文化价值对游客有着极高的吸引力，人们可以通过走进建筑遗产的方式来了解其所承载的历史文化知识，增强民族文化认同感。由此可见，建筑遗产与文旅开发的有效结合能够极大地促进文化的传承发展。建筑遗产与文化、旅游等产业有机结合、融合发展，可以推动建筑遗产保护成果实现创造性转化、创新性发展。建筑遗产的保护再利用不仅是一次推进文物保护的实践，更是一项传承优秀传统文化、推动经济社会协调发展的重要民生工程。

我国国内旅游行业发展迅速、游客和资金的市场庞大，也为建筑遗产的保护与开发提供良好的市场环境。但是在文旅融合的过程中，对资源开发利用过度、文化传承考虑不周等现象时有发生，对建筑遗产原有的物质生活形态造成了不可逆的开发性破坏。随着建筑遗产旅游的迅猛发展，建筑遗产的保护与发展显现出一系列的问题与矛盾。由于我国建筑遗产旅游起步较晚，出现只是以发展旅游、增加旅游收入为目的而盲目消耗遗产资源的现象。这种掠夺式的建筑遗产旅游开发并不利于建筑遗产的保护与发展，会导致建筑遗产迅速地丧失其自身的内在价值，伴随而来的便是建筑遗产的发展衰退。故而，建筑遗产保护和文旅融合需要在合理策略指导下来实现互补共赢，维

持二者之间的平衡至关重要。

　　建筑遗产作为极其重要的历史文化资源，承载着我国数千年的文化传承，建筑遗产的保护不仅仅是历史的延续，更是民族精神的发扬。目前关于建筑遗产的保护主要有三种观念，第一种是严格实行以原真性为主的保护，而忽视了创新性；第二种是以创新性为主，加入大量的创新元素而忽视了原真性；第三种兼顾了建筑遗产保护与旅游开发，但该种观念仍然存在大量的空白地带有待研究。在当今上海城市的发展进程中，城市的现代化进程与建筑遗产保护间常会出现巨大冲突，如何在创新视角下正确处理好"发展与保护"的问题，是目前上海良性建设所面临的紧迫课题。上海的文化和旅游资源丰富，特色突出。推动文化和旅游深度融合，有助于实现资源共享、协同共进、优势互补，对于培育发展新动能、助力新旧动能转换、实现文化旅游高质量发展、更好满足人民群众对美好生活的新期待具有十分重要的意义。

　　基于此，本书作者近些年通过对上海建筑遗产保护与再利用部分案例的收集与整理，从文旅融合的视角探讨上海建筑遗产保护再利用的对策，完成了"文旅融合背景下的上海工业遗产保护再利用研究""上海红色文化遗产的协同发展研究""上海文化遗产之石库门保护现状和对策调研报告""文创产业驱动下的上海古镇转型升级发展研究"等一系列相关课题。研究上海建筑遗产的保护再利用，旨在为塑造上海城镇风貌特色，推动城乡高质量发展，形成宜居、宜业、宜商、宜游的人居环境献计献策，希望建筑遗产能够不朽地一代一代流传下去，最终实现建筑遗产的健康可持续发展，为上海未来的发展、中华优秀传统文化的弘扬奠定坚实的基础。

第一章

上海建筑遗产概述

每一座城市中的建筑，都是文化与历史的结晶，是城市精神和人类文明的象征，代表了一座城市与一个国家的过去、现在和未来。作为一个城市，给人最直接的第一印象，就是其建筑所体现的城市自身的文化价值观。上海这座有着700多年建城历史的城市在凝聚了中国传统文化的精华的同时，也汲取了世界的优秀文化遗产，成为东西方文化及中国广泛的地域文化交融的场所。

自南宋末年设镇、元代至元二十八年（1291年）设立上海县以来，上海从一个古代的渔村，迅速发展成为万商云集的贸易重镇。自1843年11月开埠以后，上海"华洋共处、五方杂居"，逐渐以租界为中心演变为重要的国际大都会，成为中国乃至世界上其他城市不可替代的经济、贸易、金融和文化中心。随着租界的建立，西方的建筑风格进入上海，近代世界的物质文明和先进的科学技术也同时输入上海。西方殖民者将西方城市的发展模式移植到上海，到20世纪30年代，上海的发展已和世界最先进的城市基本同步，被誉为"东方巴黎"。上海有了可以在多种文化中进行比较、选择、吸收或综合的可能性，这种边缘、夹缝、重叠以至多元的复合、选择的文化特性反映在建筑上，形成了风格迥异、形式多样的建筑，形成建筑"万国"性与"博览"性的特色——上海近代城市建筑的整体独特的"海派"地域特色，表现为建筑群落里个体出位而整体自成体系，建筑的商业功能指向明确，整体风格紧跟时尚，建筑形式中西合璧，建筑造型包罗万象，博采众长。

改革开放后，在"全球化"的时代中，兼容、务实、求新的海派文化进一步发扬光大，中西文化剧烈碰撞、南北文化频繁交汇，最终在不同程度上得到融合。上海的建筑文化在"海纳百川，兼容并蓄"的海派文化中造就了中西并存、中外合璧、艺术交融、风格独特的艺术奇观。

一、古代上海建筑

上海辖境的历史最早可追溯到6000年前的良渚文化时期。唐朝中期（8世纪）上海地区由于农业、渔业和盐业的繁荣而设立华亭县，县治设于今松江县城。松江有唐代经幢一座，全名"佛顶尊胜陀罗尼经幢"（图1-1），是上海地区现存最古的地面建筑物。它建于唐大中十三年（859年），现存高度9.3米，由21层石灰石雕成。平面呈八边形，刻有《佛顶尊胜陀罗尼经》全文和题记。幢身下有

图 1-1 松江唐代佛顶尊胜陀罗尼经幢

台座、托座、勾栏等，幢身上则有华盖、托盘、八角檐盖等，雕刻精致，有海水纹、宝相莲花、宝珠、卷云、力士、天王、菩萨、供养人及盘龙、蹲狮等。整个经幢高大美观，雕刻细腻，线条洗练圆熟，人兽及花卉均有丰满之感，极具大唐艺术风格。

宋代的上海地区更加繁华。宋淳化二年（991 年）上海始设青龙镇，坊市繁盛，海舶辐辏，一批建筑遗迹尚留存至今。宋宣和元年（1119 年），梅尧臣《青龙杂志》记载道：青龙镇有"二十二桥，三十六坊，三亭七塔，十三寺，烟火万家"，时誉称"小杭州"。松江县城内的兴圣教寺塔、天马山护珠塔和青浦县城青龙塔均建于此时期。

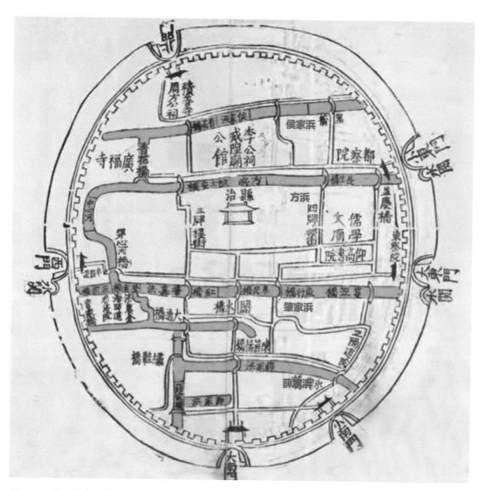

图 1-2 明万历十六年（1588 年）上海县城图

元至元二十八年（1291 年）上海置县，建筑活动日盛，歌楼酒肆大量兴建。伊斯兰教于元代传入松江，在上海建造了第一座清真寺。今有松江、福佑路、小桃园、沪西常德路等 6 处清真寺，具有西亚建筑风格。

明代开始，由于"江浦合流"工程所带来的水系调整，上海成为江南地区最重要的水上运输要塞之一。明朝末年，上海已是全国棉纺手工业的生产和贸易中心，经济日益繁荣（图 1-2）。清朝初年的一度海禁，曾使上海的经济受到打击。清康熙年间，海禁解除，上海又恢复繁荣。经济发展，城市建设也随之兴盛。由于地处富庶之地，鱼米丰足，因而经济发展迅速，居民生产、生活较为自足，人口逐渐增多，老城厢的街巷数量也在不断增加。从明弘历《上海县志》记载的新衙巷、新路巷、薛巷、康衢巷、梅家巷等五条街巷的县城城区结构，到明嘉靖《上海县志》记载的城区十条街巷，再到清康熙《上海县志》记载超过 25 条之多的街巷城区结构，说明城市人口在不断地涌入，城市商业发展已初具规模。随着生产和贸易的发达，清政府于 1685 年在上海设立江海关，专司贸易税收管理，这就是上海海关的前身。至鸦片战争前夕，上海县城（南市老城区）已是一个江上帆樯林立、陆上商贾云集的东南大都会。

明清时期，上海城市楼宇相连，店铺林立，其中私家园林、会馆建筑成为上海古建筑中的一大特色。在此期间建造的大量园林、庙宇有很多至今保存完好，江南传统风格的建筑布满各个市镇。松江有醉白池，嘉定有秋霞圃，青浦有曲水园，南翔有古猗园，市区则有始建于元至元年间的城隍庙豫园，其建筑的高超精湛的施工技艺，使人赞叹不绝。嘉定孔庙和龙华寺（图 1-3）各建筑群恪守中国传统的中轴线排列，形制完整，布局严谨；文庙魁星阁（图 1-4）是中国木构架结构典型，体现了古代完美的结构工艺；书隐楼的木雕和砖雕艺术精湛，形象逼真。所有这些均体现了上海在建筑造型和布局、传统的木构架结构、装饰彩绘、施工工艺方面的创造性和重要的贡献。

开埠前，上海住宅具有江南传统建筑特点，多为平房，有四种形式：立帖式平房，单砖壁砖墙，木椽屋面，青瓦盖顶，一般为三开间、五开间一字排；庭院式住宅，砖墙立柱，穿斗式木构架，榫卯组合，圆木柱承重，平面布置为一正两厢的数进绞圈房子，有的由两个以上组成多进式宅第，附有花园；花园住宅，外围垣墙，大门内外设影壁，若干进，各进有天井或庭院，主轴线依次排列为大门、轿厅、客厅、正房（有的为楼），两侧轴线有花厅、书房、卧室，屋顶多为硬山

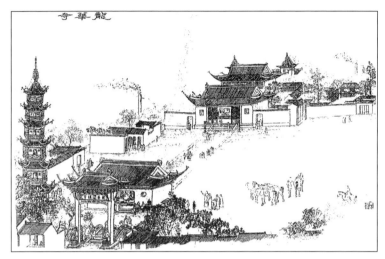

图 1-3　康熙十二年《龙华志》图

图 1-4　文庙魁星阁

图 1-5 世春堂　　　　　　　　　　　　　　　　图 1-6 书隐楼

式，有封火墙，式样有玉山屏风墙、观音兜等，宅内多有砖木雕饰；茅屋，竹屋架，泥巴墙，为数最少。开埠前建造的民宅，所存不多，市区唯老城厢尚有少量古代住宅遗迹可寻，知名的有世春堂（图 1-5）、九间楼、书隐楼（图 1-6）等。

二、近代上海建筑

上海的近代建筑综合反映了上海乃至中国近代社会和城市的演变历程，是上海的历史和文化的最好见证，是中国建筑的珍贵财富，也是世界建筑的宝库，各种不同的风格纷纭杂沓，构成了上海既和谐又矛盾的城市环境和城市空间。

开埠前，上海县城内店铺、寺庙、官衙、书塾、会馆、茶园等公共建筑，鳞次栉比。开埠后，随着上海经济的发展，教堂、图书馆、博物馆、学校、医院、夜总会、戏院等教育卫生设施、文化体育娱乐场所及其他公共建筑也逐渐增多。殖民地半殖民地社会性质形成了上海近代建筑分布的特点：沿黄浦江一带集中了近代行政、商业和金融业建筑；以跑马厅为中心形成了南京路、淮海路、福州

图 1-7　近代外滩

路、金陵路和西藏路的商业建筑；向西沿苏州河、向东沿黄浦江汇集着许多工业建筑；西区集中了高级住宅，这是 20 世纪 20 年代后租界扩张的结果；华界区域，如闸北、沪南和浦东等地有大量的棚户、简易木屋和平房。

　　西方文化随着西方殖民者的到来而在上海逐步生根，并与中国传统文化结合而形成上海特有的地方文化。资本主义的经营方式、西方的建筑结构、舶来的建筑材料、外国的建筑技术渗入传统的建筑业，上海的建筑也就形成了它特有的地方风格。特殊的政治、宗教、经济与文化的发展际遇，西方文化的输入和上海本地及中国不同地域文化相互之间的并存、冲撞、排斥、认同、适应、移植、追求与转化，使上海糅合了古今中外文化的精粹，表现出以西方建筑文化或仿西方建筑文化为主体的发展，成为中国现代建筑文化的策源地。

　　上海近代建筑呈现出来的是近代海派建筑的整体面貌，它以外滩近代建筑为典型，以石库门里弄建筑为普遍，以近代商业建筑为极端，以其他近代建筑形式为补充。南京路、淮海路和外滩一带（图 1-7）是帝国主义争相显示各自国家实力的建筑竞技场，在经历了历史、社会的变迁之后，这些"万国"性建筑与其建筑自身的风格纷呈，已自成一格，形成了海派建筑特色。海派建筑的"海派"二字，取意为"海纳百川，有容乃大"。在近代上海的海派建筑里，兼收并蓄，为

图 1-8 中西合璧的石库门立面

我所用的特点比比皆是，各类建筑风格都可以成为海派建筑的造型元素、风格母题。但海派建筑没有照搬所谓的"主义样式"或是"风格套路"，而是一律注入自己的理解，在装饰和营造上不拘泥于法则和固有模式，突破旧有框架，自成体系。

上海近代海派建筑装饰元素多元并置、互为局部，在建筑面貌上表现出中西合璧，多种风格元素既矛盾又和谐、相容并存。如石库门里弄住宅，有着西式的建筑外立面与中式的建筑平面布置，立面上既有希腊、罗马山花，又有中式雀替造型装饰门柱，各式巴洛克风格的过街门楼，在里弄匾额里却是中国传统的吉祥图案和喜、福、寿、禄、和的口彩里弄名号，并多用中国书法来镌刻（图 1-8）。虽然建筑个体风格迥异，标新立异，但当多个建筑组成建筑群落时，却常常能保持着相互协调，建筑轮廓互增光彩，互相帮衬，规划效果颇为良好。无论是外滩近代建筑群，还是南京东路商业建筑一条街抑或是石库门里弄多种等级住宅的组合，均能以单体建筑的个性独特与建筑组群的自成体系相得益彰。

总之，上海的近代建筑是一种全景式的万国建筑博览会，像一幅历史的长卷画，根植于本土的自然、社会环境和文化土壤，是延续城市记忆、保持城市个性的有效依托，成为城市核心竞争力和可持续发展的重要基石。近代上海建筑的整体风格顺应时代要求，紧跟时尚，不断地推陈出新，使创造力和摩登化成为近代上海建筑给人印象最深的风格特点。"海派建筑"作为"海派文化"的重要组成部分，凸显城市文化的外在物化表象，使原本抽象的文化成为直观的城市轮廓。海派建筑面貌直接成为人们回想历史风霜、见证时代更迭、感受社会进步的纪念碑，其建筑风格蕴涵着太多的历史细节，也折射出城市性格和"海派文化"的气质。

1. 不同时期的上海近代建筑

上海近代建筑按时间可以分为四个时期：

开埠初期的上海近代建筑。清道光二十年（1840 年）至光绪二十一年（1895年）是近代建筑业在上海的起步阶段。这一阶段上海租界形成了新城区，出现了早期外国领事馆、洋行、银行、商店、工厂、仓库、教堂、饭店、俱乐部和独立式住宅等新型建筑物，大多是券廊式和欧洲古典式建筑，高一到二层，砖木混合结构。而开埠初期的华人建筑，则多继续保持中国传统式样，与西式建筑处于各不相干的相持阶段。

迅速发展期的上海近代建筑。清光绪二十一年（1895 年）至民国八年（1919年）是近代建筑业在上海的发展阶段。行政、金融、商业、交通、教育、娱乐等新的建筑类型陆续出现，钢结构得到应用，开始向多层建筑发展，出现了 5 层以上的大楼。随着上海人口的增加，里弄住宅数量剧增，这是上海在西方城市房地产经营方式下形成的最具有特色的一种建筑类型，是中西建筑形式和生活方式相互交融的典型。

鼎盛时期的上海近代建筑。民国 8 年（1919 年）至民国 26 年（1937 年）是近代建筑业在上海发展到高峰的阶段，出现了大型百货公司、大型饭店、高级影剧院，以及花园洋房、高层公寓。这一时期欧洲现代运动波及上海，建筑风格从古典主义转向现代主义，钢框架结构在高层成为主要的结构方式。民国 12 年（1923 年）所建的汇丰银行大厦，民国 14 年（1925 年）所建的海关大楼标志着西方复古主义的顶峰。民国 23 年（1934 年）建成的国际饭店，保持远东最高建筑的纪录达 48 年之久，是现代派代表性建筑。这一阶段还有一批"大上海计划"建筑，国民党上海市政府自 20 年代筹划，民国 20 年（1931 年）动工，民国 23 年（1934 年）初步完成。30 年代还出现了诸如大新公司和外滩中国银行大楼等中西合璧的建筑，这类成功的建筑多为中国建筑师设计。

停滞时期的上海近代建筑。民国 26 年（1937 年）至民国 38 年（1949 年），近代建筑业在上海处于停滞阶段。日军炮火给上海建筑造成了空前的灾难。抗日战争胜利后，由于国内战争，上海重大的建筑工程处于停顿状态。

2. 近代上海的公共建筑

上海的近代公共建筑呈现出明显的国际性，既有十分纯正的西方历史建筑形式，又有不完全纯正、表现出明显拼贴的建筑风格。各个历史时期、各个国家和地区、各种有代表性的建筑风格几乎都可以在上海的近代公共建筑中找到，从古埃及式、古希腊式、古罗马式、拜占庭式、罗马风式、俄罗斯东正教式、哥特式、文艺复兴式、巴洛克式、古典主义式、新古典主义式，到现代建筑各个流派的风格，以及中国传统宫殿式建筑等，成为一部极富内涵的活生生的世界建筑史。

19 世纪 40—50 年代的开埠初期，属于观望、试探和谨慎的投资时期。经过第一次鸦片战争，西方人打开了中国的五处通商口岸，但上海作为通商口岸的价值究竟有多大，英商心里并没有底，因此对一个新的商业口岸的投资必然带有很大的试探性，在租界内的租房、建房都带有临时性质的特点。许多西方殖民者抱着探险心理来到这里，并非打算在此久留，他们的目的是一次性地掠夺财富，加上受当时建筑技术条件和财力的限制，一般房屋都比较简陋。早期殖民拓荒者的建筑大多小心翼翼地紧接着英国领事馆向前排开，简陋建筑的背后是荒芜的田野农舍。

当时的西方人大多来自印度和东南亚的殖民地，那里气候炎热，当地的西方人就在自己本土建筑传统风格的基础上创造出一种适合热带气候、周边有拱券回廊的建筑形式，即外廊式建筑，又称殖民式建筑（图 1-9）。上海的早期西式

图 1-9　外廊式建筑（轮船招商总局大楼）

建筑，不论是领事馆还是洋行办公楼，或是住宅，基本都采用这一形式。它的平面通常为方形，高一层或二层，砖木结构。然而，"造屋者仅以夏季为念，而不知冬季之重阳光也"，外廊式建筑不适合上海冬天阴冷潮湿的气候特点是显而易见的。但是，外廊式建筑自 1845 年英租界开辟，一直到 20 世纪初的半个多世纪中，始终是上海租界内大多建筑（宗教建筑除外）所采取的形式，事实上也是上海百年近代建筑历史中延续时间最长的一种建筑形式。"外廊"这一反气候的建筑因素，是由其背后的文化意涵支撑的——它彰显了维多利亚时期英国侨民引以为傲的殖民者身份。作为一处宽敞而能遮挡风雨的空间，外廊也是早期侨民在相对简陋的建筑环境下维持西方生活方式的重要场所，因此具有持久的生命力。直到社会风气的转变，西方人从"殖民者"到"创业者"再到新的"精英阶层"，需要一种新的身份象征时，外廊式建筑才被其他的建筑形式所取代。这一转变的过程大致产生于第一次世界大战以后，新的精英阶层开始将新古典主义建筑和装饰艺术派的摩登建筑作为身份的象征，不再一味强调殖民势力，而更意味着金钱与财富，新的公共建筑才不再采用外廊式。

图 1-10　安妮女王风格建筑（仁记洋行大楼）

　　19 世纪 60 年代至 20 世纪初，租界内英法美商人经过开埠后 20 年的商业积累，对上海和租界有了更多的信心，而投资的稳定巨额回报带来更多的投资，商业的不断繁荣使租界地域一再膨胀拓展。这个阶段的建筑档次大大提高了，各大洋行开始关注身份形象和企业品质，不同的建筑样式开始纷纷出现。

　　安妮女王风格是这一时期比较常见的建筑风格（图 1-10），它起源于 19 世纪英国维多利亚时期。维多利亚女王统治时代，政治、经济、社会皆飞速变化，富裕的中产阶级与日俱增，财富的拥有及身份的提升唤起了中产阶级改变居住环境和室内装饰样式的意识，于是以装饰为主的建筑风格应运而生。19 世纪末期，上海西侨社会面临与维多利亚中后期的英国中产阶层同样的经济机遇和社会心态的变革，在经济实力、技术层面和专业设计方面，具备了追随英国本土安妮女王风格建筑的可能性。上海经济的良好前景和房地产业的发展，催生了一批颇具实力的地产中介和洋行业主。早期简易的外廊式建筑已经不能满足此时业主的要求，他们开始寻求一种更新奇、更夺目的建筑形式，可以增值地产，或者彰显自己的财力和身份，同时也要经济可行。安妮女王风格建筑在技术层面上的优势，是得以大量移植的前提，它一般采用砖木结构，外墙采用清水红砖和少量石材，室外饰以砖雕，室内以木雕装饰为主。1879年浦东白莲泾开设了机制砖瓦厂，上海本地和苏州盛产青石，使得安妮女王风格建筑的用材都为大量易得的地方材料。与仰赖进口花岗岩和大理石，以及西方石材切割和金属锻造工艺的新古典主义建筑相比，安妮女王风格建筑所需要的砖木工艺，更易为上海地方工匠所掌握。材料和工艺上的可行性，使得安妮女王风格建筑在上海得以保持其在英国的成本优势，为旅居沪上的英国商人乐于接受。安妮女王风格建筑采用非对称平立面、形式多样的屋顶、大量细部墙体及单层门廊等表现形式，主要以窗上的圆形拱券、带有装饰的圆柱和过大而丰富的砖砌装饰为主要特征。安妮女王风格建筑优化并改良了各种装饰元素，对维多利亚时期流传的多种建筑风格进行重新演绎，加入了更多现代的元素，建筑色彩明丽，装饰精美，成为19世纪晚期20世纪初的商业建筑的普遍风格。

19世纪末至20世纪20年代，上海已发展成为远东的大都市，西方殖民者纷纷把上海作为他们在中国进一步扩张的大本营，于是在这里大兴土木，竞相建筑显示权力、财富的宏伟建筑物。当时上海的建筑设计几乎完全被工部局、公董局等外国统治机构所控制，任务基本上被外国洋行打样间所包揽。建筑师把他们国内最流行的建筑式样搬到上海，于是在欧美盛行的复古思潮在上海近代建筑早期表现得淋漓尽致，银行、商业等新兴类型建筑的风格均带有古典复兴的影子。

新古典主义（图1-11）是源自欧洲对古希腊、古罗马建筑艺术珍品的重新推崇而发展起来的绘画、诗歌、建筑文化的古典复兴思潮，着重表现的是一种历史感和文化意蕴，强调基于对人性尊严重拾的装饰之风，将怀古的浪漫情怀与现代人对生活的需求相结合，兼容华贵典雅与时尚现代。新古典主义建筑大都摒弃雕塑装饰的华丽，崇尚用简约的手法体现尊贵的建筑气质，力求以建筑的比例和线条来诠释建筑型体的特质。

这一时期还盛行折衷主义建筑风格（图1-12），其产生于19世纪末的欧洲，其任意模仿历史上各种建筑风格，或自由组合各种建筑形式。世界上所有的优秀古典建筑和装饰形式都是折衷主义可用的素材，不讲求固定的法式，只讲求比例均衡，注重纯形式美。折衷主义建筑风格的特点为形式上兼收并蓄，但多种形式合在一座建筑之中却很和谐，风格统一。

从20世纪20年代后期开始，伴随摩登的装饰艺术风格在欧美流行，装饰艺

图1-11　新古典主义建筑（汇丰银行大楼外立面及内部大厅）

图 1-12　折衷主义风格建筑（上海邮政总局大楼）

术派对上海的建筑产生了重大影响，兼之受商业社会追求时髦的影响，在此期间建造起来的各类建筑中，属于装饰艺术派的要远高于其他风格流派的建筑，并构成了上海近代城市形象的主要轮廓线。装饰艺术派建筑在外观上多运用几何线型及图案，线条明朗，装饰重点多在建筑的门窗线脚、檐口及腰线、顶角线等部位，装饰纹样大量运用了曲线、折线、鳖鱼纹、斑马纹、锯齿形、阶梯形等，多喜欢用放射状的阳光与喷泉形式，在色彩上多用鲜艳的纯色、对比色及金属色等，形成华美绚丽的视觉效果，多彩的建筑表达了不同的情感，使建筑不再是一如既往的灰色，充满创意和联想。装饰艺术派的特征包括高耸的尖顶饰、阶梯形的体块组合、横竖线条、圆形的玄窗、几何形浮雕和流线型圆弧转角等，既具有现代主义简洁明快的特点，又有很强的商业气息，被公寓、旅馆、银行、舞厅等建筑类型广为采用，成为一种流行的"摩登"式样。装饰艺术派不同于其他的古典建筑风格，呈现出的是现代简洁的面貌，不仅经济实用，而且具有能够招揽生意的广告效应，满足了上海这个商业化都市求新、求异的心理需求。除物质层面的影响外，装饰艺术派还传播了一种新的生活方式、一种新的美学思维及价值观。在结合新的建筑类型方面，装饰艺术派更多地与新型高层公寓、办公楼结合，而现代的生活设施、明亮宽敞的空间、摩天楼的高度对普通市民原有的观念而言是巨大的冲击，装饰艺术派同"摩登""异域""高尚生活"等联系起来，成为人们向往的场景。作为近代上海 20 年代末及 30 年代新建筑的主流，装饰艺术派建筑代表着"大上海1930年"这一特定时代概念的城市风貌，代表着一笔可观的历史文化遗产。

装饰艺术派在上海最早出现要数 1920 年霞飞路一带的商业橱窗布置和店面装饰，这一时间几乎与巴黎早期的装饰艺术派店面设计同步。1929 年落成的沙逊大厦，标志着上海建筑开始全面走向装饰艺术派时期（图 1-13）。20 世纪 30 年代，上海进入装饰艺术派建筑鼎盛时期。据不完全统计，从 1929 年到 1938 年 10 年间，上海建成的 10 层以上（包括 10 层）高层建筑有 31 座，除 2 座外其余均为装饰艺术派风格或带有其特征。虽然装饰艺术派只是建筑流派中的分支，但是它却和上海城市的形成有着重大的关联。上海是世界上现存装饰艺术派建筑总数第二位的城市（仅次于纽约），已经成为世界装饰艺术派建筑的"圣地"之一。

20 世纪 20 年代末，国内民族主义情绪高涨，对传统中国建筑形式有了重新肯定。1929 年《上海市中心区域计划》明确提出要采用"中国固有之形式"，认

图 1-13 装饰艺术派建筑（沙逊大厦）

为"市政府为全市行政机关，中外观瞻所系，其建筑格式，应代表中国文化，苟采用他国建筑，何以崇国家之体制，而兴侨旅之观感"，这促使建筑界对中国传统建筑形式的追求。"中国固有式"在当时民族主义在 20 世纪初的时代背景下变得被特别需要。西方列强登陆上海滩分地建屋时，很自然地运用的是西方建筑形式。对于中国来说，面对帝国主义列强的侵略，民族主义的旗帜高扬是必然会出现的状态。辛亥革命后出现了一种文明排外的观点，主张排外要不露痕迹，不要像清末时那样采取烧教堂、杀教士的野蛮抗拒方式。在政府方面，与国外的强势相比，自己的弱势使国家只能采取低姿态，但是在内心里，民族情绪开始涨起，表现在建筑上就是宁肯花较大的代价，也要采用民族形式。建筑被赋予了民族盛衰象征的重要意义，建筑需要用来表示民族的文化，这成为其创作的主导思想。

"中国固有式"作了三种不同趋势的尝试与探索：套用中国传统宫殿式建筑形式的整体仿古模式（图 1-14）；在建筑整体采用西方近代建筑体量组合手法的基础上，局部增加中国传统建筑屋顶或楼阁作为"中国固有形式"标志的局部仿古模式（图 1-15）；建筑整体采用西方近代建筑体量组合手法，局部施以中国传统建筑装饰的简约仿古模式（图 1-16）。在旧上海特别市政府大楼设计中，就以现代钢筋混凝土重新塑造了一个中国古典建筑形象。然而，这种整体仿古模式很快就暴露出其不合理的一面：屋面的设计违背了构架的受力原理，增加了施工的

图 1-14　旧上海特别市政府大楼　　图 1-15　旧上海市立图书馆

图 1-16　中国银行大楼

难度，使造价剧增，而获得的建筑空间使用率却很低，使用起来光线、空气也不够充足。因其不适用、不经济，后来的"中国固有式"就转变为局部仿古模式或简约仿古模式。

3. 近代上海的居住建筑

上海开埠前，上海县城厢内居住建筑造型为江南传统民居，大多为砖木立帖式平房。开埠后，租界的发展经历了从"华洋分居"到"华洋杂处"的转变。由于租界涌入大量华人，刺激了房地产业的发展，大多数外商将商业活动转向房地

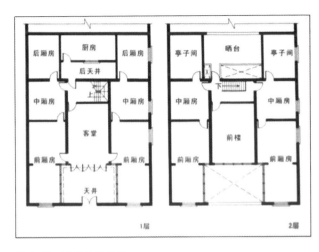

图 1-17 石库门平面图

图 1-18 石库门（逸民里）

产市场的投资与经营，于是一种由外商投资、为华人居住而建造的城市集合住宅
类型——里弄住宅就在这一背景下逐渐形成。

19 世纪 70 年代，出现老式石库门里弄住宅，并在上海县城厢内外、租界大
量兴建。其在形成的开始就明显地带上了中西合璧的特征——单元平面采用典型
江南传统民居院落形式，一般为三间两厢、二间一厢等（图 1-17），但整体上又
按照欧洲联排式住宅方式布局，结构一般采用中国传统的立贴式砖木结构。建筑
形式较多地采用中国传统民居的手法，每个单元两端砌有马头或观音兜压顶封火
山墙，屋面铺青黑色蝴蝶瓦。每户门口有一石条门框，上砌凹凸花纹，两扇乌漆
大门，一对铜的或铁的门环，故称石库门（图 1-18）。

20 世纪初出现占地较小、布局紧凑的新式石库门住宅，成为近代上海最典型
的日常生活居住空间。20 年代以及 30 年代初是新式石库门的建造盛期，其里弄
规模增大，总弄与支弄也有了区分，建筑装饰开始出现西化倾向。外墙改为清水
砖墙，大门门框改为斩假石或汰石子。建筑装饰局部模仿西方建筑风格，门框横
楣上采用西洋石发券纹饰，有希腊式三角形山花、罗马式半圆拱山花，还有巴洛

克多角形和曲线形山花。新式石库门的单元面积比老式石库门大为减少，常为单开间或两间一厢的长条布局，通风、日照条件较差，房屋结构则有所改进，由立帖式改为砖墙承重，用人字屋架和人字山墙，有的局部采用钢筋混凝土结构。

老式石库门里弄和新式石库门里弄合称为老式里弄。石库门住宅建筑立面的顶端还有很多开在阁楼之上的"老虎窗"，功能是采光和通风，但作为造型元素，极大地丰富了石库门建筑立面效果。

20世纪10—30年代出现了广式里弄，因外观似广东城市住宅，故得名。其采用行列式排列，房屋以单开间毗连，高2层，不设天井，后为单披灶间，正面多为木板墙。房屋低矮，底层正中开双扇板门，两侧开木窗。

20年代后，上海开始出现新式里弄住宅，盛行于30年代。其总弄、支弄有了明显区分，并考虑到小汽车通行和回车的需要。石库门与石库门前的天井消失了，代之以矮院墙。新式里弄的布局、结构、装饰均仿照欧式联排住宅，外观已基本西化，早期多以简化了的古典线脚作装饰，后期则越来越多地趋向现代派。

40年代后新式里弄开始转向花园里弄，房屋排列分联排式、独立式和双联式三种。花园里弄每户有庭院绿化，建筑标准向花园洋房式小住宅靠近。建筑装饰比较自由，墙身常用水泥拉毛或粉刷成各种颜色，有的在门窗及平台、门廊等处砌砖拱装饰。屋架有的用毫氏式屋架，二坡或四坡顶屋面；有的用孟莎氏屋架，利用屋架内空间做假层，并在屋面上开老虎窗；后期有的用钢筋混凝土平屋面，隔热用钢丝网吊平顶。

30—40年代从花园式里弄脱胎出公寓式里弄，公寓为分层住宅，各有室号、专门出入，成为独立居住单位，装修精致。8层以上的公寓大多位于公共交通方便的地方，因地产产权界线限制，根据基地地形进行设计，形成各式各样的平面。沿街底层常设计为店铺、商场，楼上以不同间数的单元组成标准层。内部有暖气、煤气、热水设备和垃圾管道，垂直运输依靠电梯，并设有汽车间、回车道和花园草坪。

石库门的主要用途为居住，但也有另作他用，如开办钱庄、商行、字号、工厂、文化娱乐场所和学校（图1-19）等。福州路附近的会乐里、群玉坊曾是上海滩妓院集中点。此外，赌博、抽烟及算命场所，也都在石库门里弄中出现过。

图 1-19　石库门校舍

三、当代上海建筑

上海当代建筑有很高的文化价值、历史价值和艺术价值，高潮与低潮在不断地交替，出现过沉寂，也展示过繁荣。作为世界当代建筑的展览中心，上海有着丰富的建筑类型，表现了不凡的创造精神、技术进步和探索性，令世人瞩目，留下了一批在现代建筑史上具有里程碑意义的经典建筑。

1. 新中国成立后的上海当代建筑（1949—1977 年）

上海解放后，百废待兴。当时的上海，可谓是个大烂摊子。近代上海的租界使上海城市畸形发展，不但城市文化形态杂乱无章，城市物质形态也很不合理。在这种情况下，最先考虑的当是城市的总体构思。新中国成立初期，上海城市的总体构想是立足于原来的市中心，改造租界，改造租界之间的关系，改造租界与非租界地之间的关系，使上海成为一个统一的大城市。

上海的建筑也产生了重大的转变，当时最重要的是生存，所以上海的建设首先是抓工业，然后抓住宅，建筑的重心就是在工业建筑方面。厂房不但数量多，规模大，而且科学技术先进，堪称全国一流。

新中国成立后的三十年里，上海的建筑设计经历了曲折的发展道路，"适用、经济，在可能条件下注意美观"的设计原则在很大程度上限制了建筑创作。新中国成立初期的上海建筑，有的采用复古主义，用中国古代的宫殿屋顶；有的提倡现代主义，用平屋顶，自由平面，自由立面，强调空间和功能，强调时代性；有的强调经济；有的突出"政治"。

新中国成立初期，由于大规模工业化建设的形势，设计多以中、小型民用建筑和工业建筑为主，建筑学术活动相对比较沉寂，建筑师们很少有机会去创作大、中型公共建筑。1959 年 5 月在上海召开的自新中国成立以来第一次大型建筑学术思想讨论会"住宅建设标准及建筑艺术座谈会"，对活跃建筑创作思想起了促进作用。会上提出了"创造中国社会主义建筑新风格"的口号，主张在学习古今中外建筑一切好东西的基础上，创造出我们自己的新风格、新形式，国庆工程正是这种新风格探寻的重大实践。

20 世纪 50 年代，我国建筑设计中盛行复古主义，全国时兴"大屋顶"，上海也自然受到影响。不过上海由于长期形成的历史传统和建筑观念而并未对复古主义的"大屋顶"完全接受。当时建造的一些"大屋顶"式建筑没有一幢是真正雕梁画栋的复古主义"大屋顶"，大多是大大简化的传统形象而已，有的还由于其使用功能的需要而采用不对称的布局。上海当时"大屋顶"式的复古建筑思潮还不是最严重，只是在一些大中学的学校建筑上有所表现，而且即使做大屋顶，也不是做得十分豪华，只是在歇山式的屋顶上做一些简单的屋脊及屋角起翘等，也很少到用琉璃瓦。这一时期出现了一些注重空间组合及功能完善的优秀建筑，如反映我国社会主义政治生活与建设成就的中苏友好大厦（图 1-20）。这段时期还出现了一批较为出色的现代主义建筑，同济大学文远楼就是其中的重要作品之一。此外，上海对民族传统的追求还表现在对民居风格的兴趣上，1956 年建成的鲁迅纪念馆即采用了浙江民居中马头墙的形式。复古主义思潮到 20 世纪 60 年代基本结束，但对民居形式的采用和吸收一直影响至今。

在 60—70 年代，上海建筑的发展基本处于停滞状态，建筑活动主要集中在工业建筑和住宅建筑方面，建设成绩最大的是工业建筑。60 年代以后，由于经济等原因，上海乃至全国的建筑思潮开始转向，而且是很大的转向。原来的大屋顶

图 1-20　中苏友好大厦

建筑思潮受到了强烈的批判，认为它华而不实、浪费严重，又无所进取，等等。在一片批判声中，便出现了强调实用、强调节约的思潮。在相当长的一个时期中，"实用、经济，在可能条件下注意美观"的设计方针在很大程度上指导着上海的建筑创作，上海的建筑师们在努力探索一条与中国的社会政治与经济相适应的建筑道路：建筑设计反对浪费，建筑以实用、经济为设计主导原则，强调建筑为社会服务，建筑式样简洁、单一。

当然，从 1949 年至 1977 年这近 30 年中，上海的建筑师依然在努力创造出为社会和人民群众服务、贴近生活的作品，新建了一批比较有影响的公共建筑，如上海体育馆、上海文化广场、延安饭店、鲁迅墓及纪念馆，以及几所大学的新楼等。

总的来说，该时期的上海建筑，从艺术文化来说是比较平淡的，特别是"文革"十年，是上海建筑艺术的低潮时期。直到 80 年代初，此局面才有所改观。经过一个低沉阶段之后，上海建筑终于迎来了光辉灿烂的春天。

2. 改革开放后的上海当代建筑（1978 年至今）

1978 年后，上海的建筑创作进入了繁荣时期。建筑设计作为一种文化创造活动，也开始成为上海市民文化生活的一个组成部分。上海作为中国开放的前沿地区，国民经济大发展大繁荣，实现了跨越式的发展。上海的城市建设和社会经济一样，取得了前所未有的发展，城市面貌发生了翻天覆地的变化，取得了举世瞩目的成就。上海建筑界一扫几十年来的沉闷空气，大规模的建设开始了。随着建设大潮的迅猛到来，上海的建筑是琳琅满目、丰富多彩，城市建设经历了根本性的变化。这一时期的建筑形式多样。城市与建筑的发展和进步为上海进入国际大都市的行列奠定了坚实的基础，上海建筑开始进入了一个新的转型期。

（1）朝气蓬勃的 80 年代

20 世纪 80 年代中，上海建成了大量大型公共建筑，部分地改变了上海旧有的城市轮廓。其中，旅游宾馆是当时建造的最为引人瞩目的公共建筑类型，有中外合资建造的，如新锦江（图 1-21）、静安希尔顿和华亭等大型酒店，也有我国自己设计建造的龙柏饭店、上海宾馆、虹桥宾馆等。办公大楼发展也很迅速，上海电信大楼、联谊大厦、华东电力大楼、瑞金大厦等高层办公楼陆续建成，改变了城市的空间轮廓。上海铁路新客站和十六铺客运码头的建成，上海虹桥国际机场的扩建，则为上海的"大门"树立了新的形象。上海体育馆、上海游泳馆、上海美术馆及大量影剧院的建成，给上海市民提供了更好的文化生活环境。虹桥经济技术开发区集中建造了一批宾馆、办公楼、娱乐设施等各种类型的公共建筑，成为 80 年代上海公共建筑建设的一个展示窗口。许多建筑不但造型别致、装饰新颖，而且采用现代新技术、新材料和新设备。这些建筑物的建成，标志着上海

图 1-21　新锦江大酒店

建筑施工力量的发展和施工技术、施工管理的水平。

80 年代中在核心区豫园、城隍庙周边的保护性改造中，豫园商城仿古建筑群最为显赫。豫园商城与四邻的豫园、老城隍庙、沉香阁等名胜古迹和人文景观完美地融为一体，具有丰厚的文化底蕴、浓郁的民俗风情，以密集的大型仿古商业楼台形成民俗场景，檐牙高啄，钩心斗角，成为中外毕至、雅俗接踵的好去处。老城厢临豫园商城的老街——方浜中路路段的改造设计，在仿古建筑群的对面，竖起了一片现代钢框架的红色楼台，被称为"古韵新风、和而不同"。

80 年代后，上海的建筑设计开始出现百花齐放的局面。国内外各种建筑设计思想对上海的建筑创作都产生了影响，概括起来主要有三种设计倾向：一是借鉴西方当代的各种建筑形式，富有现代感的设计，主要通过提高环境的质量来改善建筑的面貌，力图创造亲切自然的建筑气氛；二是在设计中力求表现城市的历史，尊重城市的传统空间轮廓，华东电力大楼和龙柏饭店即为较成功的例子；三是强调民族传统与现代化的平等结合，松江方塔园大门和何陋轩的设计是体现这种思想的非常成功的例子，前者表现了现代建筑材料对传统建筑文化的表达能力，而后者则反映出传统建筑材料所能表现出来的建筑内涵。

总的来说，20 世纪 80 年代的建筑比较尊重城市的文脉和城市轮廓线。这个时期，上海的建筑师在中国传统建筑的精神与建筑的现代化中做出了卓越的成就。实际上，从五六十年代起，上海在这方面的探索，即结合现代建筑风格与传统建筑风格于一体，在全国也处于领先的地位，这些建筑为中国现代建筑的发展奠定了重要的基础。

（2）高歌猛进的 90 年代

如果说 80 年代是在努力扭转城建基础设施落后，那么 90 年代是上海 20 世纪最后一次机遇，上海根据高起点规划、高强度投入、高速度推进、高质量建设的发展目标，连续实施了以城市建设为主要内容的三个三年大变样的发展计划。城市建设进入了大规模推进阶段，出现了很多可喜的成果，陆家嘴中央商务区、南京路步行街、世纪大道、世纪广场、世纪公园、衡山路文化街、多伦路文化名人街、静安寺下沉式广场、吴江路步行街，以及外滩和浦东的滨江大道的建设，使城市面貌焕然一新；大规模的绿地建设，世纪公园、中心城的绿地等一大批生态景观绿地的建设有效改善了城市生态质量；黄浦江沿岸和苏州河的治理等，标志着上海的城市设计和城市建设已经成熟，原有的上海城市空间形象和环境已经

图 1-22　上海大剧院

根本改观，形成了上海独特的发展模式。经过三个三年大变样，整个城市发生历史性的变化，城市面貌日新月异，变化巨大，出现了前所未有的繁荣局面。城市建设对上海增强城市发展后劲、改善城市环境和提高市民生活质量起到了有力的促进作用。

20 世纪 90 年代是上海发生历史性巨变、高歌猛进的时代，上海相继建起了一大批具有世界水平的新建筑，成为海派建筑的新标志。在陆家嘴金融区、新虹桥开发区及南京路、淮海路等其他地区，一批具有国际一流水准的大型建筑相继建成，上海建筑与世界建筑的大潮已完全融合。与此同时，中外建筑师都开始考虑在建筑风格中如何既能反映世界一流水平和最新流行式样，又能体现中国传统文化的延续，使上海建筑在走向世界的同时也能创造出当今的中国特色。特别是在公共建筑方面，建成了一批较为现代化的会展、文化及体育等永久性设施。其中，文化类的公共建筑有上海大剧院（图 1-22）、上海博物馆、上海图书馆、上海科技馆、上海城市规划展示馆、东方明珠电视塔等，体育类的建筑有上海体育场等，城市交通方面的建筑有上海一东一西两个国际机场、一南一北两个大型火

图 1-23　上海外滩风景带

车站，商业、商务类的建筑有国际展览中心、国际贸易中心、世贸商城、金茂大厦、上海证券大厦等。这些多样性的建筑形态，富有个性，可以说是"海派"特色的延伸与发展。在这些 90 年代完成的经典建筑中，多数都是与政治、经济、文化有关的"中心""大厦"等城市中独特的建筑类型，它们体量巨大，造价高昂，设施先进。这些建筑的建成为本地区、国家甚至世界开辟了建筑领域新纪元，而由新技术、新概念带来的使用功能更大大冲击了本地人的生活习惯。

上海外滩风景带（图 1-23）是指外滩的江面——长堤——绿带和外滩建筑群所构成的街景，在沿江厢廊和道路之间，铺设多层面、立体式绿化带，设置了喷泉、花坛 、广场、雕塑 、栏杆、座椅及各式庭院灯具等，形成了一条错落有致的沿江风景带，浦江两岸景色尽收眼底，展现了上海特有的都市风光。外滩建筑群范围之广、文化含量之丰、景观价值之高，堪称沪上一绝，从中既能领略上海城市近代化风貌，回眸上海滩历史，亦可隔江眺望陆家嘴东方明珠、金茂大厦等雄伟建筑，目击上海城市现代化新景，是上海城市的象征。

（3）全面腾飞的新世纪

在新的世纪里，上海的发展步伐更是惊人。如果说 20 世纪二三十年代的上海建筑是"万国建筑博览会"的话，那么新世纪的上海建筑就是"当代建筑的国际展览中心"。许多国际和国内的一流建筑师都在上海展示了他们的新思想、新风格和新技术，创造了大量的作品，可以毫不犹豫地说，世界上没有哪一座城市在今天拥有如此众多的国际建筑师的作品，世界上没有哪一座城市在今天正以如此宏大的建设规模去创造未来。上海的城市和建筑的魅力，所谓海派风格的精髓也正是这种多元、兼容、实用、经济、适宜、自由与创新的艺术意象的综合。

2008 上海市建筑学会年会暨上海市建筑设计原创展评选上海市建筑学会建筑创作奖，这是上海建筑设计最高奖，12 个各具原创魅力的获奖作品分别为杭州市江滨城市新中心城市设计、宁波市核心滨水区城市设计及三江六岸地区概念规划、西藏日喀则桑珠孜宗堡复原性重建工程、上海卢浦大桥、广元邓小平故居陈列室、上海炮台湾湿地森林公园和上海华山医院（浦东）景观设计等。这些设计均出自上海本土设计师之手，充分展现了上海建筑设计师服务全国、不断提升建筑设计和创作的水平。

同年，举办了"改革开放 30 年上海城市建设优秀成果"系列活动，开展了改革开放 30 年上海城市建设优秀成果评选、改革开放 30 年上海城市建设发展论坛等活动。其中，金茂大厦、上海大剧院、上海音乐厅（图 1-24）、轨道交通 1

图 1-24　上海音乐厅

号线、沪嘉高速等 30 个具有时代特色和文化内涵的建设成果最终胜出获得金奖。当选的金奖项目不仅仅是不同历史时期典型的标志建筑，而且大多具有深刻的历史地域文化背景，文脉色彩鲜明，文化品位突出。如风貌特色最为鲜明显著的衡山路—复兴路历史文化风貌区保护规划，因其建筑保护、更新和永续发展规划内容的丰富细致，政策和实施管理的可操作性而获得金奖。

四、上海历史文化街区

1. 历史文化街区的概念

历史文化街区是指经省、自治区、直辖市人民政府核定公布的保存文物特别丰富、历史建筑集中成片、能够较完整和真实地体现传统格局和历史风貌，并有一定规模的区域。1986 年，我国首次正式提出历史文化街区的保护。国务院在公布第二批国家历史文化名城的文件中指出："对文物古迹比较集中，或能完整地体现出某一历史时期传统风貌和民族地方特色的街区、建筑群、小镇村落等也应予以保护，可根据它们的历史、科学、艺术价值，公布为当地各级历史文化保护区。"从此建立了保护文物古迹、保护历史文化街区、保护历史文化名城的分层次的保护体系。

历史文化街区是历史文化名城的重点地段，它既可承接并贯彻落实总体层面的历史文化名城保护规划，又可为下一层次的单体建筑保护创造积极的条件。同时，街区保护的实施性强，在空间范围上又具有较大的弹性，便于形成一定规模和效果。历史文化街区是城市历史文化的聚集地，具有极高的观赏和体验价值。无论是城市空间里的文化遗产，还是原住民传承的非物质文化遗产，都是历史文化街区内涵、活力、文脉的重要组成部分。因此，历史文化街区保护是地方政府实施城市遗产保护的重要抓手。

2. 上海历史文化街区的分布及范围

本书提及的上海历史文化街区，是在世界遗产视野下，将上海历史文化风貌区统称为上海历史文化街区。2002 年，上海市人大立法颁布《上海市历史文化风貌区和优秀历史建筑保护条例》(以下简称《保护条例》)，条例中规定"历史

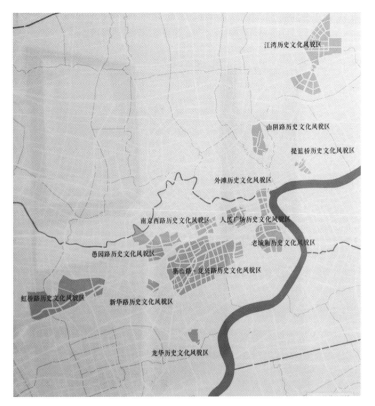

图 1-25　上海市中心城区历史文化风貌区

文化风貌区是指历史建筑集中成片，建筑样式、空间格局和街区景观较完整地体现上海某一历史时期地域文化特点的地区"。历史文化风貌区是上海的一个重要而特殊的组成部分，风貌区边界明确，以城市道路、河流等为界，可以跨行政区划定。

　　根据这一条例，自 2003 年以来陆续确定了包括外滩、人民广场、老城厢等在内的上海市中心城区的 12 个历史文化风貌区（图 1-25），它们分布在上海的中心城区的 7 个区内，面积 26.96 平方千米，约占新中国成立初期上海市建成区面积的三分之一。12 个风貌区的国家级文物保护单位数量占全市总数的 63.16%，市级文物保护单位占全市总数的 42.33%，优秀历史建筑占全市总数的 72.78%，足见这 12 个历史文化风貌区的历史文化资源是非常丰富的。衡山路—复兴路、外滩、人民广场、山阴路、南京西路这 5 个历史文化风貌区的资源单体总数相对较多，涵盖基本类型较广，其中衡山路—复兴路的资源单体总数则多达 115 项。外滩则是历史保护建筑最为密集的风貌区。中心城 12 个历史文化风貌区从不同侧面，展现了上海不同时期、不同地域、不同风格的城市与建筑风貌，共同构建起上海城市建设完整而多姿的整体画面。

2005 年，上海市政府批准了《上海市浦东新区及郊区历史文化风貌区范围》，又确定了郊区及浦东新区 32 个历史文化风貌区，总面积约 14 平方千米。与中心城区的历史文化风貌区不同，郊区及浦东新区的历史文化风貌区所受关注比较少，保护工作的投入也少。尽管郊区发展密集程度弱于中心城区，人地矛盾的尖锐度也略小，但由于郊区经济发展水平普遍大幅度落后于中心城区，导致郊区历史文化遗产的保护滞后于中心城区。

迄今为止，上海一共有 44 个历史文化风貌区，总面积约为 40.96 平方千米，对历史风貌的保护起到重要作用。这些历史文化风貌区体现了上海历史发展的脉络，是上海近代历史发展的缩影，保存了大量的历史文化资源，包括特色建筑与设施、特色街巷、名人故居、遗址遗迹、历史故事、民俗节庆等资源。

3. 上海历史文化街区的分类与比较

上海中心城区的 12 个历史文化风貌区融合了上海城市发展过程中各个时代的特征。根据风貌区的风貌特征，可分为五大类：

第一类是风貌完好的海派生活社区型风貌区，包括衡山路—复兴路、愚园路、山阴路、新华路历史文化风貌区。海派生活社区型风貌区的主导功能是居住，拥有大量的花园住宅、里弄住宅和现代公寓。

第二类是特殊历史功能型风貌区，包括龙华、虹桥、提篮桥历史文化风貌区。特殊历史功能型风貌区各有各的特色，龙华历史文化风貌区以革命传统纪念地和宗教活动场所为主要特征，虹桥路历史文化风貌区以西郊宾馆、龙柏饭店、上海动物园等优秀历史环境为重要特色，提篮桥历史文化风貌区以监狱为特殊用地，花园住宅也是特色之一。

第三类是具有标志性和独特性的公共活动中心型风貌区，包括外滩、人民广场、南京西路历史文化风貌区。公共活动中心型风貌区拥有大量的公共建筑和开放空间，如商业、娱乐、餐饮休闲功能区。

第四类是老城厢，属于传统地域文化型风貌区。老城厢是上海开埠后划界的政治、经济、文化中心，传统建筑格局体现着上海的古城风貌和本土文化，各类宗教活动场所也是该风貌区的特色之一。

第五类是江湾历史文化风貌区，独成一类。旧上海特别市政府大楼旧址、江湾体育中心等均为大上海都市计划的重要遗存，成为上海江湾历史文化风貌区的主要特征。

上海 12 个中心城区和 32 个郊区及浦东新区的历史文化风貌区具体如下：

（1）中心城区

名　称	面积	范　　围	风貌特征	代表性建筑
外滩历史文化风貌区	101公顷	黄浦江—延安东路—河南中路—河南北路—天潼路—大名路—闵行路	外滩建筑群、建筑轮廓线、街道空间	上海外滩建筑群、上海邮政总局、上海公共租界工部局大厦、上海金城银行大楼、上海圣三一堂、迦陵大楼等经典建筑
人民广场历史文化风貌区	107公顷	浙江中路—九江路—云南中路—延安东路—黄陂北路—大沽路—重庆北路—威海路—成都北路—北京西路—长沙路—凤阳路—六合路—宁波路—贵州路—天津路	商业文娱建筑、城市空间、里弄住宅	国际饭店、先施公司、新新公司、金门大酒店、大光明大戏院等商业文娱建筑
老城厢历史文化风貌区	199公顷	中华路—人民路内	传统寺庙、居住和商业建筑、街巷格局	豫园、城隍庙、大境关帝庙、文庙、书隐楼、龙门村等寺庙建筑和商业建筑
衡山路—复兴路历史文化风貌区	775公顷	重庆中路—重庆南路—太仓路—黄陂南路—合肥路—重庆南路—建国中路—建国西路—嘉善路—肇嘉浜路—天平路—广元路—华山路—江苏路—昭化东路—镇宁路—延安中路—陕西南路—长乐路	花园住宅、新式里弄、公寓、公共建筑、革命史迹	宋庆龄故居、兴国宾馆、丁香花园、衡山宾馆、复兴公园、锦江饭店、国泰电影院、瑞金宾馆等
虹桥路历史文化风貌区	481公顷	古北路—荣华东道—水城南路—延安西路—环西大道—金浜路—哈密路—虹古路	乡村别墅	沙逊别墅、虹桥路 2310 号住宅、淮阴路姚氏住宅等乡村别墅

名　称	面积	范　围	风貌特征	代表性建筑
山阴路历史文化风貌区	129公顷	欧阳路—四达路—宝安路—物华路—四平路—邢家桥北路—长春支路—长春路—海伦西路—宝山路—东江湾路—大连西路	革命史迹、花园住宅、新式里弄	鲁迅故居、中共江苏省委旧址、瞿秋白寓所旧址、溧阳路花园住宅、文华别墅、千爱里等
江湾历史文化风貌区	458公顷	中原路—虬江—黑山路—政通路—国和路—翔殷路—黄兴路—国权路—邯郸路—淞沪路—闸殷路—世界路—嫩江路	市政中心建筑群	旧市府大楼、旧市博物馆、旧市图书馆和旧上海市体育场等
龙华历史文化风貌区	45公顷	龙华路—后马路—龙华港—龙华西路—华容路	烈士陵园、寺庙	龙华革命烈士陵园和就义地、龙华寺、龙华塔等
提篮桥历史文化风貌区	29公顷	保定路—长阳路—临潼路—杨树浦路—海门路—昆明路—唐山路—舟山路	特殊建筑、里弄住宅、宗教场所	长阳路提篮桥监狱、舟山路沿线住宅等
南京西路历史文化风貌区	115公顷	石门二路—石门一路—威海路—茂名北路—延安中路—铜仁路—北京西路—胶州路—新闸路—江宁路—北京西路	公共建筑、各类住宅	上海展览中心、美琪大戏院、静安别墅、联华公寓、华业公寓、太阳公寓等
愚园路历史文化风貌区	223公顷	乌鲁木齐北路—永源路—镇宁路—东诸安浜路—江苏路—延安西路—昭化路—定西路—长宁路—汇川路—凯旋路—万航渡路—苏州河—华阳路—长宁路—江苏路—武定西路—万航渡路—镇宁路	花园住宅、新式里弄、教育建筑	愚谷村、中实新村、涌泉坊、兆丰别墅、长宁区少年宫、市三女中等
新华路历史文化风貌区	34公顷	番禺路—淮海西路—安顺路—定西路—法华镇路	花园住宅	梅泉别墅、邬达克住宅、"外国弄堂"等

（2）上海市郊区及浦东新区

名　称	面积	区位	范围	风貌特征
枫泾历史文化风貌区	104.1公顷	金山区枫泾镇老镇区	320国道以北、朱枫公路以东、市河和新开河两侧区域范围内	风貌区内集中大量清代古建筑和少数的明代后期建筑，建筑多采用枕河而建，为金山地区传统的"短脊长檐"的形式，还有建于明代的致和、瑞虹、秀兴、庆云、米筛、宝源、跻云等七座古石桥。这些古宅、古桥各具艺术特色，充分体现金山地区水乡古镇的传统风韵
新场历史文化风貌区	148.1公顷	浦东新区西南部	东至东横港以东100米，南至大治河，西至奉新公路，北至沪南公路	风貌区内保存有完好的镇区"井"字形河道格局，河道两侧现保存三进以上的第宅厅堂30多处，如区级文物保护单位张氏宅第等，众多的古民居、水桥、驳岸极具文物价值，另存有第一楼茶园、耶稣堂等公共建筑，充分而完整地体现出"江南人家尽枕河"的风貌
朱家角历史文化风貌区	179.7公顷	青浦区西部	东至南港大桥，南至朱家角支路，西至珠溪路、淀浦河沿岸20—50米，北至大淀湖南岸	风貌区保存了以北大街为代表的古镇特有的街巷空间，以及街道与河道空间的关系，河上有放生桥等多座古桥，沿河有各式河埠头，有课植园、城隍庙和涵大隆酱园等类型丰富的传统建筑，反映出中国江南水乡古镇特有的空间尺度和空间形态
奉城老城厢历史文化风貌区	111公顷	奉贤区奉城镇	东至南门港，南至川南奉公路，西至奉新公路，北至浦东运河	风貌区内保留了四条老街共同组成的特征明显的"十"字形古城道路骨架，留存了总长不到50米的古城墙，并留下几段旧城基，滨水界面及护城河依然清晰可辨，反映出上海留存格局最完整的古镇风貌
金泽历史文化风貌区	52公顷	青浦区西南部	东南至环镇南路，西至沪青平公路，北至青浦区第二粮库，包括东北角部分农田	风貌区内保存了古桥众多的特色，原有"四十二虹桥"及"桥桥有庙、庙庙有桥"之谚，现存古桥七座，其中普济桥是上海地区保存最完整、年代最早的单孔石拱桥，是市级文物保护单位。风貌区保留了"两街夹一河"的格局，建筑沿这三条轴线展开

续表

名　称	面积	区位	范围	风貌特征
练塘历史文化风貌区	57.5公顷	青浦区南部	东距长浦江80米左右，南距西塘港、东塘港南侧100米左右，西至泖新塑料厂附近地段，北至练新中路	风貌区内保存了得天独厚的水环境，河多桥多，在不长的市河上保留有义学桥等4座古桥；保留了沿市河、上塘街、下塘街两侧有特色的传统建筑，并留存了多处驳岸空间，反映出典型水乡城镇的风貌特色。风貌区内保存有陈云故居、陈云就读过的颜安小学、酱园、救火会等多处文物保护单位
娄塘历史文化风貌区	43.3公顷	嘉定区娄塘老镇	南至娄塘河，西至洋泥泾，北至嘉塘公路、坝桥	风貌区内保留了完整的街巷格局，19条街巷依河而筑，有“娄塘街条条歪，七曲八弯十八个天井堂”之说，反映出街河交错发展的古镇风貌。风貌区内留存有印家住宅、娄塘纪念坊等民国初年特色建筑和构筑物，为文物保护单位
罗店历史文化风貌区	75公顷	宝山区罗店老镇	东至罗溪路，南至月罗路以北河道，西至罗太路，北至练祁河	风貌区内保存了“三湾九街十八弄”的街河格局，留存的建筑在整体上保存了原有的建筑结构和传统江南水乡的民居建筑风格，历史上桥梁众多，现留存有历史价值的桥梁主要有大通桥和丰德桥，反映出有“金罗店、银南翔、铜江湾、铁大场”之誉的罗店镇的大镇风范
张堰历史文化风貌区	41.7公顷	金山区中部	东、南至松金公路，西至张泾河，北至金张公路	风貌区内基本保持了传统的河道街巷格局，石皮弄两侧建筑保存较好，多为清代建筑风格。唐代御海潮设置十八堰之一的张泾堰遗址就在石皮弄口。风貌区内还有市文物保护单位姚光故居（南社纪念馆），有清末民国初名人住宅和民居2处、传统店铺1处、教堂1处及具有较久历史的张堰公园和秦望山等
浦东高桥老街历史文化风貌区	28.3公顷	浦东新区高桥镇中部	杨高北路以西、高桥港以北、高桥港以东、花山路以南区域范围内	风貌区内保存有东街、西街和北街尺度宜人的街道空间，存有以钟氏民宅、高桥敬业堂、凌氏民宅、黄氏民宅、仰贤堂为代表的保护建筑8处，为区文物保护单位，其建筑形式具有一定特色，建筑质量较好，反映出相对完整的古镇风貌

续表

名　称	面积	区位	范围	风貌特征
川沙中市街历史文化风貌区	19.3公顷	浦东新区川沙镇老城厢东部	东至城河以东30米，南至城厢小学，西至北市街，北至北城壕路	风貌区内保留有上海地区鲜有的老城墙，建校历史170年的书院。风貌区内留存有"内史第"、陶桂松住宅等历史建筑和南市街、中市街、东门街等街区，中市街附近有天主教堂。沿街建筑仍保留民国时期原状，多处宅邸中西合璧，甚为考究，反映出浦东第一大镇的历史风貌
松江仓城历史文化风貌区	66公顷	松江区新城永丰街道辖区范围内	西林以西、沪杭铁路以北、花园浜路以东、乐都路以南区域范围内的区域	风貌区内集中分布了以杜氏雕花楼、费晔宅、葆素堂、杜氏宗祠和赵氏宅为代表的有特色的历史建筑和大量保存较好的民居建筑，是一个较完整的具有传统风貌、地方特色和较高历史、文化价值的区域，反映出松江作为上海历史文化的发祥地的历史风貌
松江府城历史文化风貌区	30.7公顷	松江区老城东部	方塔路以西、松汇路以北、通波塘以东、环城路以南区域范围内的区域	风貌区内保存有国家级重点文物保护单位方塔、市级文物保护单位明砖刻照壁和区文物保护单位多处，以及其他历史遗迹和历史建筑十余处，区内有历史名校松江二中、文物园林方塔园、历史文物收藏机构松江博物馆等，反映出松江府城即为唐宋华亭县城的历史渊源
青浦老城厢历史文化风貌区	78.1公顷	青浦区西部偏南	主要为环城河内范围	老城厢是上海保存最完整的护城河水系和十字街格局的古镇之一，留存成片的以院落式低层住宅和粉墙黛瓦为特色的传统居住街坊，保存了以曲水园为代表的古建筑和园林，保留了县前街、南门街、北门街等多条具有明清时代格局的传统街巷，反映出青浦古镇作为青浦县的政治、经济、文化、教育中心的历史地位
嘉定西门历史文化风貌区	45.3公顷	嘉定区嘉定老镇以西	东至城东路，南至练祁河以南30米，西至沪宜公路以西30米，北至清河路以北30米	风貌区内保存完好的西大街是至今为止嘉定镇内保存最为完整的老街巷之一，为前街后河的格局。风貌区内保存有上海现存较好的古城墙和水城门闸，为市文物保护单位。沿西大街和练祁河留存西溪草堂、厚德堂和崇德堂等具有一定历史特色的民居建筑，反映出古镇城门周边的历史风貌

续表

名　　称	面积	区位	范围	风貌特征
嘉定州桥历史文化风貌区	49.2公顷	嘉定区嘉定老镇中心	东至博东路以东50米，南至沙霞路以南30米，西至南大街以西30米，北至清河路以北30米	风貌区保存有3片传统街巷、河道格局保存完好的区域。留存有孔庙、汇龙潭、秋霞圃和法华塔等12处文物保护单位和以登龙桥（州桥）为代表的保存较好的7座古桥。在千步之内汇集宋、元、明、清历代古塔、老街、旧庙、名园，为国内罕见，可谓"嘉定之根"。风貌区反映了州桥地区自古以来是嘉定古镇的中心地区，也历来是商业繁华区和文化中心的历史地位和风貌
重固老通波塘历史文化风貌区	20.1公顷	青浦区北部	东至重固镇大街，南至通波塘东街南端，西至重固镇政府西侧道路，北至法会庵附近地段	风貌区内保存有全国重点文物保护单位"福泉山"古文化遗址，完整保留了距今6000—7000年历史的各时期文化叠压遗存，被考古学家誉为"古上海的历史年表""东方的金字塔"。风貌区保留了河、街相间的古镇格局，沿老通波塘两岸及通波塘东街和西街分布有历史建筑，留存区文物保护单位"南塘桥"，一定程度上体现了"上海的发祥地"之誉
徐泾蟠龙历史文化风貌区	12.2公顷	青浦区徐泾镇北侧	南至诸陆东路，西至程家祠堂西侧，北至蟠龙粮库	风貌区内保留了蟠龙塘与镇中大街垂直相交的"十"字状镇街格局，东西长1里，南北为半里。风貌区内有区级文物保护单位香花桥和程家祠堂，保留镇东天主堂一座，明代徐光启的后裔曾居此。水乡老街风韵犹存，反映了蟠龙自古以来为有名小镇、蟠龙庵堂香客云集的历史风貌
青浦白鹤港历史文化风貌区	21.8公顷	青浦区最北部	东至东大盈港东侧60米左右，西南至外青松公路，北至青龙港附近	风貌区内保存了白鹤镇北街和白鹤镇南街的传统街巷，街道尺度犹存，宽度3—4米。风貌区内有区级文物保护单位继善桥和青龙桥。因区域内有白鹤港而得名，区域内的旧青浦镇是上海地区最早的对外贸易港口，旧称青龙镇，现存的位于风貌区外的青龙寺、塔是旧镇的遗迹，反映出其青浦发源地的历史地位

名　称	面积	区位	范围	风貌特征
南翔双塔历史文化风貌区	20.4公顷	嘉定区南翔镇东南面	南至民主街以南30米，西至沪宜公路，北至德华路以北30米	风貌区内保存有市级文物保护单位南翔寺双塔和许苏民墓，其周边和西侧的横沥河西岸保留一些以孙氏住宅为代表的有特色的传统民居，反映出古镇塔和寺周边的历史风貌
南翔古猗园历史文化风貌区	47.9公顷	嘉定区南翔镇东南面	东至黄泥泾以东30米，南至沪宜公路以南30米，西至古猗园路以西30米，北至德华路	风貌区内保存有市级文物保护单位古猗园，是"银南翔"众多明清园林中唯一完整留存的，内有5处区文物保护单位，园西、北侧保留有传统河道黄泥泾和走马塘，沿线传统建筑风貌和街巷格局保存完整，反映出古镇古园林的历史风貌
大团北大街历史文化风貌区	11.9公顷	浦东新区大团镇	东至河塘港以东100米，南至永春西一路，西至永春北路以西50米，北至东运河	风貌区内保存有北大街的传统街道格局，两侧留存主要建筑以商铺居多，多为清末民国时期建造，建筑保存较好。风貌区内保留有大团潘氏宅第、定慧庵、西粮管所等历史建筑，建筑傍河依水，小街盘曲，体现了"水—建筑—街—建筑"的街区特点
航头下沙老街历史文化风貌区	19.7公顷	浦东新区航头镇中部	东至咸塘港以东50米，西至沪南公路，北至咸塘港	风貌区内保留了沿南咸塘港的传统风貌建筑和街巷格局较为完整的区域，街巷传统特色浓郁，整体尺度较好，仍保持老街基本风貌，留存了以王家祠堂、东刘老式楼房、西刘老式楼房、东协顺洋布店、协昌祥洋布店等为代表的历史建筑，一定程度体现了下沙千年盐业重镇的历史地位和风貌
南汇横沔老街历史文化风貌区	16.4公顷	浦东新区康桥镇东北角	横沔港与盐船港交叉口	风貌区内保留老镇傍河依水、小街盘曲的街区格局特色，老街宽度2—3米，保存一定数量的多为清末民国时期，间有明末及清中晚期的历史建筑，如区级优秀建筑有翊园、华氏宅第等，体现出"小五灶"的盐场地位和繁荣

名　称	面积	区位	范围	风貌特征
南汇六灶港历史文化风貌区	20.1公顷	浦东新区六灶镇	沿向学街与六灶港，东至南六公路，北至周祝公路	风貌区内保存了沿六灶港一字排开的街区格局，街巷整体尺度很有水乡特色，保持着清末民国时期的风貌。东西向的三里老街，东起傅家祠堂，西至环桥，长约三里，依傍六灶港（旧称焐水）。风貌区内保留了西市圈门、马家房子、典当房子等民居建筑及萧王庙、城隍庙、镇港庙、关帝庙等宗教建筑
奉贤青村港历史文化风貌区	29公顷	奉贤区青村镇	南至镇南路，北至南奉公路	风貌区内保存傍河依水、小街盘曲的格局。主要街巷皆与河流走向保持平行，次要的巷弄则多与河流相垂直，而河街之间的相邻关系又可分为单侧有街、双侧有街和夹水而居三种类型，形成了布局灵活、空间丰富的景观特点，保存有南虹桥及西木行等历史建筑，反映出传统江南水乡老街与河流的格局及风貌
庄行南桥塘历史文化风貌区	22公顷	奉贤区境西部	沿南桥港带状分布，东至东市南端	风貌区内留存了形成于1368年的东西街和河南街，主要建筑有右东兴楼、汇福园等，现存的民居建筑以清末民国时期为最多。风貌区内留存混堂弄、油车弄、露胥堂弄和牌楼弄等历史建筑群，古城墙、石牌楼等构筑物，以及八字桥、履匦桥两座清代的古桥，留有区文物保护单位庄行暴动烈士纪念碑。老街的整体风貌保存较为完好，体现出传统江南水乡的整体格局
七宝老街历史文化风貌区	16.5公顷	闵行区七宝老镇区	北横泾以西、农南路以北、七莘路以东、漕宝路以南区域内	风貌区内保存整修后的七宝老街，同时较为集中地分布了一些具有一定历史价值的老建筑，如七宝天主堂、东岳行祠斗姆阁、东岳行祠四面厅、明代解元厅等，反映出水乡古镇的风貌特征
浦江召楼老街历史文化风貌区	6.3公顷	闵行区浦江镇	东至杜行五金厂，南至召楼小学，北至沈杜公路	风貌区内沿姚家浜两侧区域保存了传统水乡市镇的河街格局，垂直于姚家浜河的小街保存了部分沿街传统建筑，有区级不可移动文物礼耕堂及古桥1座。区域内部分民居建筑保存较好，具有明显的江南民居特色

续表

名 称	面积	区位	范围	风貌特征
堡镇光明街历史文化风貌区	16.2公顷	崇明岛中部偏南	正大街、光明街居镇中心	风貌区内保存有历史建筑11处，其中，百年以上的古宅有5处，200年以上的建筑有2处。风貌区内留存较为完整的三进两场心、四进三场心等崇明特色民居建筑，其间也能见到别具特色的旋转式木质楼梯及别致的阳台等西式风格元素，反映出崇明最具传统特色的古镇风貌
崇明草棚村历史文化风貌区	2.5公顷	崇明岛西部	东临东安村，南临洪海村，西临海洪港村，北临协进村、海洪港、白港汇合处	风貌区内保存了多处村内立帖结构的建筑，屋顶多为茅草铺就，砖砌方式与江南传统做法不同，同江北做法，传统上称为"如皋式"，并且保留有旧时商业建筑中的上翻店门和全脱卸门框，体现出自然村落商业街的特色
泗泾下塘历史文化风貌区	13.2公顷	松江区泗泾镇区南部	沪松公路以北、江川路以东、泗泾港两侧区域范围内	风貌区集中在泗泾镇的下塘街及中市桥南岸一带，基本保存了传统水乡市镇的河街格局和部分传统建筑。区内有区级文物保护单位史量才故居和马家厅2处，清末民国初名人住宅和民居5处，传统店铺1处，古桥1处，反映出松江地区传统水乡民居的风貌

五、上海历史文化村镇

上海市镇初兴于唐宋，勃兴于明万历前后，继兴于清乾嘉年间。在长达一千余年的历史进程中，形成了鲜明而富有特色的地域文化。古代上海的三大支柱产业——航运业、盐业、棉纺织业，均有著名的典型市镇，港口重镇如青龙镇、上海镇、黄姚镇，盐业巨镇如川沙镇、下沙镇、奉城镇等，纱棉业名埠如乌泥泾镇、南翔镇、罗店镇、七宝镇、朱泾镇等，米市如朱家角镇等。上海地区城镇发展迅速，明代42镇，清前期86镇，清后期148镇，至20世纪末，上海地区城镇已达200余个。历史上留下了许多关于镇的民谣："金罗店、银南翔，铜江湾、铁大场，教化嘉定食娄塘"，"三泾不如一角"（"三泾"即枫泾、朱泾、泗泾，"一角"即朱家角）。

上海地区与江南及其他地区一样，由于受自然灾害、战争破坏、风雨侵蚀和过度开发等因素影响，原汁原味保留至今的古镇已经相当有限。近年来，上海古镇改造步伐加快，有些古镇已经找不到昔日的痕迹，有些只剩下极少的文化遗存。保护与开发上海古镇文化，对于认识上海和了解上海、全面展示上海文化具有极其重要的意义。

中国历史文化名镇名村，是由建设部和国家文物局从 2003 年起共同组织评选的，保存文物特别丰富且具有重大历史价值或纪念意义的、能较完整地反映一些历史时期传统风貌和地方民族特色的镇和村。上海市有历史文化名镇 11 个：青浦区朱家角镇、宝山区罗店镇、嘉定区嘉定镇、嘉定区南翔镇、金山区枫泾镇、金山区张堰镇、浦东新区川沙新镇、浦东新区高桥镇、浦东新区新场镇、青浦区金泽镇、青浦区练塘镇；名村 2 个：上海市闵行区浦江镇革新村、上海市松江区泗泾镇下塘村。具体如下：

1. 朱家角镇

朱家角镇位于青浦区中南部，淀山湖东，历史悠久，是良渚文化的重要组成部分，早在 1700 多年前的三国时期就有村落，宋、元时已形成集市，明万历年间建镇。朱家角以其得天独厚的自然环境及便捷的水路交通，商贾云集，往来不绝，曾以布业著称江南号称"衣被天下"成为江南巨镇。1991 年，朱家角镇、松江镇、嘉定镇、南翔镇一起被上海市政府命名为上海市四大历史文化名镇。

朱家角的古弄幽巷以多、古、奇、深而闻名遐迩，全镇古宅建筑有四五百处之多。古镇 9 条老街依水旁河，千余栋民宅临河而建，其中著名的北大街，又称"一线街"，是上海市郊保存得最完整的明清建筑第一街，是最富有代表性的明清建筑精华所在。迂回曲折、鳞次栉比的旧居店铺，将朱家角勾勒出多角、多弯、多弄、多巷的独特建筑布局。

建于 1912 年占地 96 亩的课植园（图 1-26），寓意"一边课读，一边耕植"，园内亭台楼榭、假山水池、石碑长廊、古树名木一应俱全，布局稀疏得体，不仅是优秀的建筑遗产，而且还体现了朱家角人崇尚文化的风尚。坐落在古镇北大街上的百年老字号——"江南第一茶楼"，除楼身采用砖石结构外，其余全部采

图 1-26　课植园

用木结构筑成，拱形砖石门却又加入了海派石库门建筑的元素，中西结合颇有特色。大清朱家角邮局始建于清朝同治年间，为清代上海地区十三家主要的通邮站之一，是华东地区唯一留存的清朝邮局遗址，也是近代中国邮政历史的缩影。

　　朱家角古镇以"人"字形分布的市河为主干进行布局，河道纵横，水网密布，有大小古石桥 36 座之多。它们造型各异，有的恢宏雄壮，有的小巧玲珑，有的古厚淳朴，有的秀丽多姿；建材多种多样，有石拱石板，有砖木混合，有木质结构，大都年代久远，风格不一。尤其是横跨于漕港上的五孔石拱放生桥，建于明万历年间，造型优美，极为壮观，是上海地区最古老的石拱桥之一，为朱家角十景之首。

2. 罗店镇

　　罗店镇（图 1-27）位于宝山区西北部，始建于元代至正年间（1341—1368年），至明万历年间，已发展成为一个物产丰富、商贸辐辏的商业重镇，清康熙

图 1-27　罗店镇

年间，棉花、棉布交易兴隆，市场规模和交易金额超过了南翔、大场、江湾等古镇，跃居当时嘉定县七镇五市之首。

罗店古镇是长江口上的第一处江南古镇，也是上海北郊四大名镇之一，仅据历代镇志记载，就有公私园林、宅邸 30 余处，尤以布长街清代建筑群富于盛名。至今罗店古镇仍遗留了丰富的历史文化遗产，现存梵王宫、真武阁、清代布长街、大通桥、丰德桥等历史建筑。目前，罗店古镇拥有上海市文物保护单位 1 处，区级文物保护单位及登记不可移动文物 23 处，文物保护单位总建筑面积近 38861.08 平方米，已公布历史建筑总建筑面积近 8849 平方米。罗店在明清时期就形成了"三湾九街十八弄"的街河格局，街连着弄，弄连着桥，桥连着河。现仍保存着三座石拱古桥，其中，大通桥始建于明成化八年（1472 年），为半圆环石拱桥，是宝山境内最古老的桥梁，也是上海为数不多的古亭子桥。

3. 嘉定镇

嘉定镇位于嘉定区中心地区，是以南宋嘉定年号为镇名的千年古镇，市镇因商而兴，在嘉定镇千年发展史中，形成了一些著名的商业区。至清末，全镇的商业网点已遍及东南西北四大衔。嘉定镇素以人文荟萃闻名，有"教化嘉定"之美誉。

　　嘉定镇古城区形态近似圆形，以古城墙与护城河为边界，是一个由南北向的横沥河与东西向的练祁河交叉于镇中心，与"环"形的护城河，形成江南古镇中独有的"十字加环"水系，成为典型江南水乡。东西南北大街十字相交，四面设置城门，至今仍然保存有部分古城墙与城门。古城处于江南水网密集地区，城内河道纵横，水乡风情浓郁。嘉定老街保护区计有大小街弄 15 条，总长度 1864 米，其中，建成于宋代的 8 条、明代的 7 条。老街保护区和协调区内共有桥梁 17 座，其中，始建于宋代的 5 座、元代的 3 座、明代的 5 座，仍保留石拱或石平结构的 11 座。嘉定镇城中的法华塔、州桥皆创建于宋代，是当年县治练祁市的中心。城南的孔庙建于宋嘉定十二年（1220 年），殿堂门庑，高壮华好，是上海乃至全国保存最完整的县级孔庙（图 1-28）。孔庙东侧的当湖书院是上海仅存的清代书院建筑。城东的秋霞圃系蜚声江南的古典园林，由明代龚、沈、金三氏的私家园林及城隍庙合并而成。

　　至今保存完好的州桥、西门两个历史文化风貌保护区，以"井"字形街坊为

图 1-28　嘉定孔庙

骨架，豪宅民居，相间错落，名人宅第，枕河面街，前店后坊，商住两宜，建筑风格，独具特色。特别是保留完好的由"六里弹格路"组成的 12 条老街和 12 条巷弄，彼此交织，相互贯通，工艺独特，古朴雅趣，保存着唐宋街市的古镇肌理。州桥历史文化风貌区自南宋嘉定十年（1218 年）起一直保存下来，以在千步之内汇集宋、元、明、清历代古塔、老街、旧庙、名园而为国内罕见，以水乡集镇为主要风貌特征，可谓"嘉定之根"。西门历史文化风貌区是嘉定区保存较为完整的历史区域，具有典型传统江南地区民居特征的居住型历史建筑分布广泛，并有众多名人故居、旧宅，绿化覆盖率高，街河相依的格局明显，街巷尺度宜人，居住生活环境呈现滨水区域的典型特色，是嘉定镇传统商业交易与居住生活形态特征的集中反映。

4. 南翔镇

南翔镇位于嘉定区东南，梁天监四年（505 年）建白鹤南翔寺于此，因寺成镇，遂以寺得名。南翔自古以来，商贾云集，集市繁荣。明初，经济繁荣程度已为全县各市镇之首。明清两代计有园林 20 多座，故有"小小南翔赛苏城"之誉。

南翔古镇颇多古迹，拥有千年古刹云翔寺、唐代经幢、五代砖塔（双塔）、宋代普同塔、梁朝古井、明代园林（古猗园）、清顺治年间的天恩桥等历史遗迹，体现了深厚的古韵文化。

南翔寺双塔（图 1-29）是建于梁天监年间的白鹤南翔寺仅存的遗物，是全国仅存的一对年代最悠久的仿木结构楼阁式砖塔，具有极高的艺术价值。

唐代经幢，原为对峙于南翔寺大雄宝殿前的 2 座尊胜陀罗尼经幢，俗称经幢石，现坐落在古猗园的南厅和微音阁前。一立于唐咸通八年（867 年），一立于唐乾符二年（875 年），是当年寺中的八景之一。造型庄重生动，形象饱满优美，是上海市保护最完整的唐经幢之一。

古猗园建于明嘉靖年间（1522—1566 年），园中有"千年经幢，百年厅堂"之说，风格与苏州拙政园接近，是上海著名的古典园林之一，以猗猗绿竹、幽静曲水、典雅的明代建筑、韵味隽永的楹联诗词及优美的花石小路等五大特色闻名于世。

5. 枫泾镇

枫泾镇（图 1-30）位于上海市西南，与沪浙五区县交界，是上海通往西南各

图 1-29　南翔寺双塔

图 1-30　枫泾镇

省的最重要的西南门户。枫泾古镇成市于宋，元朝至元十二年（1275 年）正式建镇，是一个已有 1500 多年历史的古镇，地跨吴越两界。元末明初时与浙江的南浔、王江泾、江苏的盛泽合称为江南四大名镇。

枫泾古镇为典型的江南水乡集镇，周围水网遍布，镇区内河道纵横，素有"三步两座桥，一望十条港"之称。桥梁有 52 座之多，其中，元代建 1 座、明代建 11 座、清代建 21 座，现存最古的为元代致和桥，距今有近 700 年历史。

枫泾全镇有 29 处街坊，84 条巷弄，是上海地区现存规模较大保存完好的水乡古镇。至今仍完好保存的有和平街、生产街、北大街、友好街四处古建筑群，总面积达 48750 平方米，其中 9 处已列为上海市第一批不可移动文物。北大街古代店铺作坊集中，手工业历来发达，是现枫泾古镇商业古街风貌保存最完整的大街。古镇区建筑多为明清风格，均具传统江南粉墙黛瓦的特色，房屋以两层砖木结构为主，前后进房之间有厢房和天井，大宅深院有穿堂、仪门及厅堂等，前后楼之间有走道相连，称走马堂楼，屋面多为观音兜和五山屏风墙。由于文化发达，经济繁荣，枫泾又是江南少有的道教、佛教、天主教、基督教齐全的古镇，现存性觉禅寺、施王庙、郁家祠堂等几处寺院庙宇。

6. 张堰镇

张堰镇位于金山区境中部，早在春秋时期就已聚成村落，迄今已有千年历史。唐代为御海潮置华亭十八堰，其中之一为张泾堰。张堰镇就建在古代张泾堰的旧址上，遗址在石皮弄口。因其文化底蕴深厚、商贸交通发达，曾被誉为"浦南首镇"。

在长期的历史发展中，张堰古镇格局逐渐演化而成。这里历史上曾呈现"东西南北新村密，三里长街跨双桥"的景观。"南湖头商船聚舶，樯橹林立，烟火之盛，甲于一镇，作坊商店鳞次栉比，是金山、平湖、奉贤一带商业汇集之地。"因水而生的集市、因水而生的建筑、因水而生的街道，构成了张堰古镇小而精致的院落空间和公共空间格局。如今的张堰古镇有大小弄巷 29 条，大街以东西走向为主，张泾河跟牛桥港在古镇穿过。保存比较完整的明清古建筑群有 4 处：石皮弄建筑群、政安弄建筑群、西河沿建筑群、南社纪念馆建筑群。作为近代史上产生过重要影响的全国性革命文学团体南社主要发源地之一，张堰镇于 2005 年建立了上海南社纪念馆（图 1-31），并将南社文化打造成为上海对外文化交流的

图 1-31　上海南社纪念馆

一张重要名片。

7. 川沙新镇

川沙镇位于浦东新区川沙镇老城厢东部，是一个因盐而兴、因商而聚、因纺而盛的工商名镇。川沙有 1000 多年的成陆史、450 多年的筑城史、200 多年的建县史、100 多年的革命史、60 多年的发展史。历史上，川沙曾长期是浦东地区的经济和文化中心，素有"浦东历史文化之根"美誉。

川沙古镇由南市街、中市街和北市街组成。这里保留着上海地区鲜有的古城墙遗址、建校历史 170 多年的观澜书院、走出无数名人的内史第老宅、哥特式建筑的天主教堂。原为清内阁中书沈树镛府邸的内史第，是一座三进院落的清代江南民宅，曾为黄炎培、宋庆龄、黄自等名人诞生地，以及文人胡适的居住地，其建筑之精美在上海乃至江南都是十分少见的，有精致的雕花仪门，晚清风格的"凤戏牡丹""状元游街"等砖雕图案细腻精巧。

古镇里寺庙众多，有长仁禅寺、关帝庙、财神庙、天恩堂等，具有丰富的宗教遗存。始建于 1856 年的川沙天主堂（图 1-32），建成年代比上海的佘山天主教堂和徐家汇天主教堂都早，采用的是哥特复兴的样式，整个中

图 1-32　川沙天主堂

部的钟塔和后部大殿采用了巴西利卡的形式，红墙黑瓦，人字屋面，大堂地面铺拼花瓷砖，堂内拱形穹顶，风格华丽，上部为白色铁皮制尖塔，外立面采用上海经典的清水红砖。古镇沿街建筑仍保留了清末民国时期的原状，多处宅邸的建筑风格是中西合璧，甚为考究，大量西式装饰材料和手法与中国传统木构瓦顶建筑相结合，呈现出浓郁的中西合璧艺术风格，反映了浦东第一大镇的历史风貌。

8. 高桥镇

高桥镇位于浦东新区，临江濒海，扼长江和吴淞口之咽喉，历来为军事要地和滨海重镇。上海开埠后，多受海派文化影响，古镇建筑中西合璧。

高桥古镇拥有悠久的历史、深厚的文化底蕴和独特的人文景观，是浦东历史上四大名镇之一。这里集中了浦东超过三分之一的名胜古迹、名宅故居，有仰贤堂（图 1-33）、宋黄俣墓、顺济庵、法昌寺、明永乐御碑、老宝山城及双孝坊文物等众多古迹，同时也是浦东"三刀一针（泥刀、菜刀、剪刀和绣花针）"的发祥地。高桥古镇三面环水，依"丁"字形河道而建，"丁"字之横为高桥港，竖

图 1-33　仰贤堂

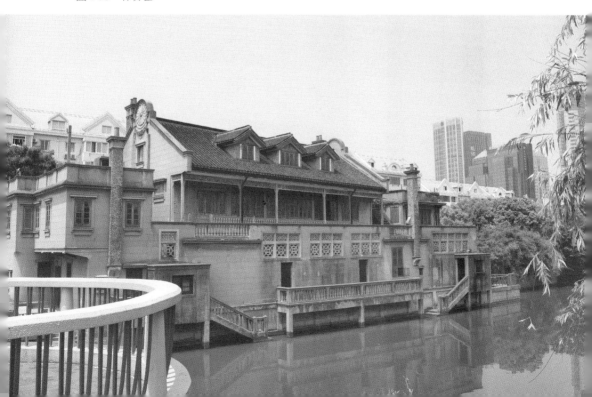

为黄潼港，万寿桥横跨水上。古镇老街分为东、西、北三街，总长约 2000 多米。

9. 新场镇

　　新场镇（图 1-34）位于浦东新区中南部，是原南汇地区的四大镇之一，曾经有"金大团、银新场、铜周浦、铁惠南"的说法。新场古镇原为下沙盐场的南场，是当时盐民用海水晒盐的场所。后来海滩慢慢长出去了，这个盐场也逐渐成了盐民居住和交换商品的地方。在新场成镇之时，正值下沙盐场鼎盛时期，盐产量和盐灶之多，胜过浙西诸盐场。新场以盐繁荣，以盐建镇，所谓"浦东十八铺，新场第一镇"。

　　新场古镇有"十三牌楼九环龙，小小新场赛苏州"之誉，牌坊和拱桥是当地的两大特色。四条河巷将古镇划分为"井"字形空间格局。古镇有市区级文化保护单位共计 37 处。新场至今保存有大小不一的 100 多户明清古宅院，最具代表性的就是奚家厅和张厅。特别值得一提的是张厅的东西合璧：东方传统的四进三开的宅院，仪门上罗马的立柱、精美的马赛克地面，无不体现出匠心独运。新场

图 1-34　新场镇

现存石驳岸 6000 多米，其中 1500 多米建于民国之前，最早的可以追溯到元代，距今已有 800 多年的历史。被文物学家称为"家门口的文物"的马鞍型水桥 20 多座，桥岸建筑考究，水桥系舟石刻有精细的暗八仙、如意图形，小巧精致，极富江南水乡情韵。

作为千年古镇，新场积聚了厚重的历史文化，以其静谧、美丽、多姿得到了世人的青睐。古镇河道两侧古民居绵延铺展，街巷密集，呈现着千年以来典型的水乡人家的独特生活形态，是上海老浦东原住民生活的真实画卷。

10. 金泽镇

金泽镇坐落在青浦区西南部，是江、浙两省进入上海的西大门，也是上海唯一与江苏省和浙江省交界的镇。境内湖塘星罗棋布，贯穿全镇有一条南北流向的市河，并有多条支流汇集而来，河港纵横交叉，是个典型的江南鱼米水乡。金泽镇历史悠久，早在宋初（960 年前）已建镇，有兴于宋、盛于元之说。

金泽镇是上海地区有名的桥乡，据史料记载，金泽原有"六观、一塔、十三坊、四十二虹桥"，且有"庙庙有桥，桥桥有庙"之谚，每一座桥梁不仅各有特色，而且都与寺阁庵庙有关。如今绝大部分寺庙已废，但当年的桥却风姿犹存。金泽的桥梁非同一般，不仅数量多，而且大多是历史名桥。至今镇上还保存着宋元明清所建的七座古桥梁，分别是迎祥桥、祖师桥（如意桥）、放生桥、普济桥、天王桥、万安桥与关爷桥（林老桥）。建于宋朝咸淳三年（1267 年）的普济桥是上海地区最古老的石拱桥（图 1-35）。金泽镇亦是佛教圣地，建于宋朝景定元年（1260 年）的

图 1-35　普济桥

"颐浩禅寺"曾以5048间宏伟建筑名扬江南。故有"虽苏（州）之承天，杭（州）之灵隐莫匹其伟"之说。

11. 练塘镇

练塘镇位于青浦区，是著名的江南水乡古镇，有1000多年历史，人文资源丰富，文化遗迹充盈，具有较深厚的文化底蕴。

练塘古镇区在镇中市河两侧（图1-36）。隔河相望的两条石板路，一条叫上塘街，一条叫下塘街。经过整治，修复了条石驳岸2600余米，各式水桥、河埠平台69处，明清建筑1.8万平方米。街道两旁的民居重脊高檐，建筑特色对比鲜明：上塘街多连续的两层楼，门面临街，以前多为店铺，屋后临水，上筑楼台兼顾堆货和观景纳凉；下塘街多民居院宅，圆头山墙，粉壁黛瓦，前门沿河。沿河老街上完全是原汁原味的水乡古镇日常生活，既不像其他江南古镇商铺遍地开花，也没有重门深锁，居民完全保持着一种自管自生活的原生态，不"作秀"，也还没有染上浓重的商业气。练塘还有得天独厚的水环境，河多桥多，在不长的

图1-36　练塘镇

市河上，至今还有 10 多座古桥掩映在垂柳之间，呈现在世人眼前的是"高屋窄巷对街楼，小桥流水处人家"的练塘独特景观，和过街楼、河埠头、长廊、幽弄和深宅一起，使古镇呈现古朴，恬和、幽静的风貌。

12. 浦江镇革新村

革新村位于闵行区浦江镇中部东侧，环抱召稼楼古镇（图 1-37），区位优势明显，文化底蕴深厚。召稼楼源起于元朝初期，现面积达 150 亩之广，像召稼楼古镇这样大规模的文化历史遗产，在上海已很少见了。召稼楼古镇核心区内，丁字形的平西街、兴东街、保南街与纯佑街相向展开；姚家滨、复兴港水道呈十字形逶迤伸展。古镇不仅有荷花墙、骑马墙、青砖黛瓦等充满明清文化韵味的建筑，还有着江南水乡小桥、流水、人家所共有的风貌特征。目前规模较大、保存较完整的有礼耕堂、梅园等，还有报恩桥、复兴桥等遗址，古代上海郊区主要的

图 1-37　召稼楼古镇

建筑形态在此一览无余。召稼楼古镇还具有丰富的历史文化内涵，在浦江镇乃至上海历史上具有三大文化亮点：即"上海城隍秦裕伯""江浦合流叶宗行""教民农耕垦荒楼"。

浦江镇革新村不仅仅有召稼楼这个古镇，而且还有比较大的乡村地区，是一个城镇与乡村结合在一起的地区，有城有乡，与一般的城乡接合部很不相同，在闵行区是独一无二的。

13. 泗泾镇下塘村

泗泾镇下塘村位于松江区（图 1-38），形成于元末明初，格局成曲尺形构成。民居店铺，皆临江枕流。由西向东，沿泗泾塘北岸形成沿河街道。又沿张泾两岸筑居设摊，民居店铺沿张泾聚集，形成两岸南北街道，以傍东田禅院市面尤为繁荣。随着居民商店延伸发展，形成石驳岸河埠。枕河人家挨户都筑水桥，自备船只泊驳岸下、水桥边。现今集中在泗泾塘的下塘街及中市桥南岸一带，基本保存了传统水乡市集的河街格局和部分传统建筑。古村内有安方塔、马相伯故居、史量才故居等建筑。

下塘村地处水乡，河网密布，住宅多按前街后河布局，一般建筑进深浅、层高低，庭院狭小，多数仅一根轴线，住宅既无夹弄又无宅园。另有部分中型民宅是大宅败落又经易主后演变而成，但总体建筑排布与高度仍保留原样。同时，街巷大多极为狭小，有些竟不足 3 米。街巷两侧楼房，可对窗闲聊。背面临河一侧的殷实大户在驳岸上建石级，作私家埠头。石级走向有平行河道与垂直河道两种。传统建筑密集区尤其是核心保护区内部形成了较为完整的传统城镇肌理，密度高，变化丰富，空间层次多，建筑尺度小，组合形式多样。

图 1-38　泗泾镇下塘村

第二章

文旅融合背景下的上海工业遗产保护再利用

工业遗产是具有历史价值、技术价值、社会意义的文化遗产，包括其中的建筑物和相关的工厂车间、机械设备、仓库店铺、配套场所、交通基础设施等。上海的工业遗产，见证了我国工业化的整体进程，涵盖近代早期工业外资工业、民族工业和洋务工业，以及新中国成立之后，包括私营、公私合营、国营、中外合资、股份有限公司等各种企业形态类别，像江南造船厂、上海自来水公司、上海电气公司、上海正裕面粉厂、上海遂昌自来火局、上海申新纱厂、上海永安纺织公司、上海中华第一针织厂、上海天厨味精厂和已经改造成为四行创意仓库、田子坊、莫干山路 50 号、新天地、传媒文化园等几十家的创意产业园区等。这些工业遗产具有重要的文化价值，对认识上海的工业发展过程，具有非常重要的历史实物证据，能折射当时的科技发展状况和水平，可以说这些工业文化遗产，不仅是上海工业文明的重要载体，也是城市历史文化的重要组成部分，它们与城市的发展血脉相连，它的独特性和稀缺性，是整个城市赢得市民社会认同感和归属感的重要基础之一。

作为城市文化的一部分，工业遗产的特殊性是成就城市与众不同的标签，也为生活在那座城市的居民带去了更多的记忆和向往。如今，在保护好这些工业遗产的前提下，重塑工业遗产，为其注入新的内容，更新升级为工业景观，成为发展城市旅游的一大趋势。文化与旅游，赋能的不仅是工业遗产本身，亦对当地经济的持续增长有所贡献。因而，进一步拓宽文旅服务的消费方式，推动文旅融合的深度与广度，有助于推动在地建设。近几年文化创意产业在经济格局中日益凸显，工业遗产正搭载着文化列车寻求新的出路。工业遗产的活力再造既有公益属性，又有较高的经济社会价值。随着文旅深度融合路径的不断拓展，未来工业旅游必将成为全域旅游市场的新蓝海。

上海的工业遗产形式多样，历史文化内涵丰富，是一笔不可多得的宝贵财富。但随着城市现代化的发展、重大工程和重点项目建设的推进，产业机构的重大调整，很大一批已经完成使命的工业设施退出历史舞台，能够说明上海城市发展不同阶段的工业遗产在不断减少，由此带来城市文化遗产的断层，对城市整体的历史文脉传承和个性特征，会造成不可挽回的影响及伤害。

上海自开展工业遗产保护和再利用工作以来，已经有相当数目的工业遗产建筑得到了保护，其中一些再利用建筑已经充分展现了其改换利用性质后发挥出的不同的魅力和作用。越来越多的民众也意识到了旧工业建筑的工业遗产价值，上海对工业遗产的再利用比以前有着显著改善，也显现出了不足与缺憾。目前很多厂房处于闲置或出租状态，有的甚至被拆除。已经再利用的工业遗产与老厂房的巨大存量相比，还有很大的开发空间。如何更加有效地利用工业遗产，使之产生新的经济、文化和社会效益，上海这座历史文化名城还有很长的路要走。

上海作为我国近代工业的发源地，拥有许多全国知名的工业遗产，它们见证了上海工业发展历程，是珍贵的不可再生资源。历史文化是城市的灵魂，认真做好"保护好、传承好、利用好"工业遗产，深入挖掘工业遗产的丰富内涵，通过推进工业遗产的保护利用，进一步擦亮上海的文化符号，为上海发展注入独具魅力的文化内涵，是传承历史文化、守住城市文脉、留住城市记忆的重要举措。面对上海建设全球城市的新愿景，有必要全面梳理目前上海工业遗产保护面临的主要难点和突出瓶颈，加快补短板，突出城市个性，打造卓越的全球城市和国际文化大都市。

一、上海工业遗产现状

1. 上海工业遗产的基本特点

上海的城市建设与工业发展素来息息相关，工业厂区、工业建筑的类型十分丰富，几乎囊括全国工业的所有种类，涵盖重工业、轻工业、军事工业、造船业、交通运输业等多种行业类型。可以说，上海作为近代工业的中心，工业遗产无论数量还是类型多样性，都有独特优势。

上海作为中国近现代重要的工业城市，遗留下丰富的工业遗产。据统计，上海现有约 4000 万平方米的老厂房，有些已有近百年历史，是上海民族工业的见证。随着城市的发展，大多数近代工业建筑都具备了较好的区位价值，对提高周围土地开发价值及为土地使用结构的调整和再开发奠定价值基础。现存大多数的工业建筑为了满足功能的需要而具有结构牢固、空间分割灵活的特点，具备了适当改造和功能置换为某一用途提供场所的条件。

在上海风貌保护的现有机制下，上海工业遗产的风貌保护近十几年来不断地探索与发展，出现了较多的成功保护案例，在我国工业遗产的保护与更新、转型与发展中走在前列，在各方面积累了一定的成熟经验。

上海对于工业遗产的认识，可以说是逐年提高的。1989年，上海市人民政府批准将第一批59处优秀近代建筑列入上海市文物保护单位，随后又增加了两处，一共是61处，其中工业遗产只有2处——杨树浦水厂和上海邮政总局；到了1993年，上海公布的第二批优秀近代建筑名单中，有12处工业遗产上榜；而到了1999年，上海公布的第三批名单中，工业遗产达到16处；2004年，上海公布的第四批名单中，又有14处工业遗产受到保护。在累计4批共632处（2138幢）优秀历史建筑中，共有44处厂房、仓库、工业生产及相关社会活动场所等工业遗产得到法定的保护。2015年，上海市第五批优秀历史建筑名单公布，共426处历史建筑入选，工业建筑约20处，数量大大增加。

目前，上海有300多处工业遗产。在"中国工业遗产保护名录"的第一批名单中，上海的江南机器制造总局、外白渡桥、阜丰面粉厂、福新第三面粉厂、杨树浦水厂、东区污水处理厂等6处上榜；在第二批名单中，董家渡船坞、天利氮气制品厂、商务印书馆、南洋兄弟烟草公司、工部局宰牲场等17处上榜。

（1）工业遗产地域分布

上海工业遗产在空间上呈现沿黄浦江、苏州河等滨水空间集中分布，郊区拥有大片工业遗产，以及部分工厂和居住区掺杂布局的分布特征。黄浦江沿线呈现以近代工业为主要元素的景观风貌特征，其中杨浦滨江（图2-1）是世界仅存的最大滨江工业带。苏州河两岸有着丰富的工业文化遗产，是上海工业遗产最集中的区域之一，至今苏州河两岸还保留有不少工业厂房、工人及资本家住宅、工人革命运动遗址等各种类型的工业遗产上百处。

上海自开埠以来，历经多年的发展，黄浦江两岸积累了124处工业遗产，占

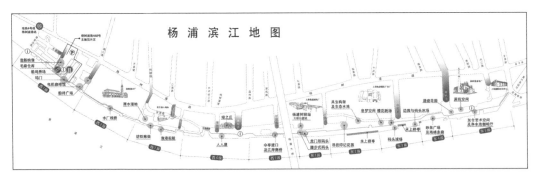

图 2-1　杨浦滨江地图

上海工业遗产总量的 42%。黄浦江两岸的工业遗产，历史悠久，数量众多，类型丰富，建筑质量好，建筑风格多样，分布集中，技术先进。纵观黄浦江滨江工业遗产的分布，可以找出比较清晰的六个地段，即：江川路地段、世博及其延伸地段、董家渡至十六铺及浦明路地段、外滩地段、北外滩至东外滩及浦东大道地段、浦东大道延伸地段。

其中，以杨树浦为代表的黄浦江两岸工业码头是上海近代工业化的一个缩影，是上海近代工业发展最早最集中最大的地带。东外滩密集的工厂，特殊地位在于杨树浦的发展见证了上海乃至整个中国现代化过程的诸多重大历史事件，创造了许多上海工业和中国工业的"第一"。杨树浦地带工业遗产的空间布局呈现沿江狭长地带、相对集中、向东向北扩展的发展模式。

苏州河沿岸亦集聚了近代以来的大量工业企业，并形成了金融仓库区。空间布局呈现从东到西时序上的逐步扩展，由南向北、局部集中的空间分布和跨越发展。近代工业企业多数于原静安、闸北以西兴建，尤其以普陀区长寿路以北地区工业用地最为密集。

（2）工业遗产保护和再利用类型

如今，上海越来越多的优秀工业建筑从闲置、衰败的状态走向积极动态的保护与再利用，大量一般性的工业建筑也正在通过适当再利用重新彰显它们在历史文化、城市风貌、可持续发展等方面的价值。上海的工业遗产保护现在已经形成了政府主导、各方积极参与的局面，工业遗产的保护利用方式也不仅局限于改造为创意产业园区，而呈现多样化的格局。

a. 创意产业园区

上海工业遗产再利用的全部案例中，创意产业园占了主要部分，如老四行仓库（原四行仓库）、2577 创意大院（原江南弹药厂）、1933 老场坊（原工部局宰牲场）（图 2-2）、上海滨江创意产业园（原英商慎吕洋行慎吕工厂）、东大名创库（原德率洋行仓库）、空间 188（原上海无线电八厂）、通利园（原上海无线电模具厂）、建桥 69（原沪东机床厂大件加工装配油漆车间）、8 号桥（原上海汽车制动器公司）、田子坊（原上海食品工业机械厂等 5 家工厂）、卓维 700（原上海织袜二厂）、上海织袜二厂（原杜月笙私家仓库）、同乐坊（原上海金属丝网厂等数十家弄堂工厂）、静安创艺空间（原上海五和针织二厂）、M50（原上海春明粗纺厂）、E 仓（原上汽集团零配件仓库）、长寿苏荷（原上海减速机械厂）、时尚产业园（原上海离合器总

图 2-2 1933 老场坊（原工部局宰牲场）

厂）、创邑·河（原国棉六厂棉花仓库）、慧谷（原新风色织厂）……

根据开发主体的不同，分为政府主导型及自发建设型。

政府主导型：上海自 2005 年起开始重视创意产业建设，采取创意产业园区的设立、采用与历史建筑保护相结合的模式，建设创意产业聚集区。这种开发方式由于有政府相关政策的支持，创意产业园的建设受到鼓励，在短时间内大量涌现，有利于形成创意产业聚集区和网络，但同时，由于没有全面深入的思考，出现盲目跟风、选址不佳、定位不明、产业构成雷同等现象，许多改造项目因经营失败空置。

自发建设型：建设主体为个人，这是比较早期的改造方式。一些艺术家自选城市飞地的工业遗产，进行改造，能获得较低的租金及具有艺术氛围，这种模式由于不受政策保护，产权仍归工厂所有，场地随时可能被收回，同时，这些租金较低的地段往往区位不佳，经营困难，很难发展壮大。

由于创意产业园区功能比较复合，艺术创作、多媒体制作和小型餐饮等进入门槛低，容易集聚人气，而且工业遗产建筑体量一般比较大，能够提供给艺术家更易使用的空间，且能激发建筑师的创新思维，对于使用者来说也更具吸引力。从保护的角度来看，艺术家一般会尽可能地保留原有的工业遗产建（构）筑物，甚至一些生产设备也被原样保留下来，符合最大限度保留的保护原则。

b. 商业、展览和公园等类型

近年来随着投资主体多样、需求多元和政策调整，工业遗产被改造为社区服务设施、商业、文化休闲、旅馆居住、展示博览和城市开放空间节点等功能，许多已经成为重要的商业或文化公共活动中心。

保留工业建筑的特色工艺、生产功能或是改造为展示各种门类工业技术的博物馆、企业专题纪念馆、厂史展示馆或专题博物馆也是工业遗产再利用的重要途径之一。如上海自来水展示馆（原杨树浦水厂）、上海邮政博物馆（原上海邮政总局）（图 2-3）、上海面粉工业发展史陈列馆（原福新面粉厂）等。

利用旧厂房改建的公共艺术空间，与创意产业园区不同，它更多地在于面向公众，提升公众参与意识，加强艺术与市民的接触交流。如上海城市雕塑艺术中心（原上钢十厂原冷轧带钢厂）（图 2-4）、苏河艺术中心（原福新面粉一厂）等。

图 2-3　上海邮政博物馆　　　　　图 2-4　上海城市雕塑艺术中心

图 2-5　徐家汇公园今昔对比

将工业遗产和城市公共绿地、公园景观结合也是上海工业遗产保护的一种方式。如徐家汇公园建设中（图2-5），原大中华橡胶厂已有76年历史的烟囱被保留下来，成了新绿地景观的制高亮点；原先厂区中的货运轨道被架空后重新组织，并用钢和玻璃做栏杆、用枕木铺步道，整修成为公园里颇具特色的步行通道。位于光复西路2549号的原中央制药厂，保留了原有四层钢筋混凝土框架结构的厂房和烟囱，若干砖木结构、传统样式的单层仓库，将结合绿地景观设计再利用。

公寓、经济型连锁酒店、写字楼等不同类型的住屋形式和工业厂房相结合的模式，也有着比较大的社会需求。利用厂房和仓储建筑内部空间较大、易于分割和可利用性强的特点，许多经济型快捷酒店和国际青年旅社都选择利用工业遗产进行改造。如澳门路汉庭连锁酒店（原中华书局印刷厂）、上海一百假日酒店（原公和祥洋行仓库）等。

上海工业遗产结构多样、风格各异。由于吸收了当时国外先进建造经验及新材料、新技术的应用，上海工业建筑有砖石、砖木、砖混、排架、钢筋混凝土结构及钢结构等多种建筑结构形式。不少工业遗产技术含量高，先进性突出，在建筑材料、结构技术、生产工艺等方面均代表当时最先进水平。这些建筑风格各异，大多成为上海工业遗产颇具特色部分。

2. 上海工业遗产保护再利用的现状和成效

上海工业遗产的风貌保护经过不断探索与发展，诞生了很多成功的保护案例，从杨树浦水厂、苏州河水果仓库等单体建筑的保护，莫干山路 M50、红坊艺术园等工业建筑群空间再利用的保护，1933 老场坊等使用价值的保护，走向如黄浦江沿线大规模的整体保护，建筑、景观、遗存、空间的多对象整体保护，历史文化价值、使用价值、环境价值等物质遗产与非物质遗产整体保护的趋势。上海历史文化风貌保护体系已趋于完善，而目前城市工业区的不断转型发展和老工业区的衰落，使得工业遗产的整体保护得到高度重视，因此，工业遗产保护是否能形成独立体系并不断成熟显得尤为重要。上海纳入优秀历史建筑和风貌保护街坊的工业遗产数量已显著增加，纳入文物保护范围的工业遗产数量也有所增多，有保护级别的工业遗产所占比重更是逐渐提升。

上海积极探索在保护好工业遗产基础上充分发挥其当代价值和功能，保护模式越来越多样化，目前主要为以下 5 种：

创意产业园区模式。主要通过对工业遗产建筑进行改造、修复、空间重塑，对内进行功能置换，吸引创意产业集聚，形成创意产业集聚区或集聚群，如莫干山路 M50 创意园（图 2-6）；

遗产旅游体验模式。通过将原有的工业机器、生产设备、厂房建筑等改造成一种能吸引现代人们了解工业文化和文明，同时具有独特观光、休闲和旅游功能的新方式，如 8 号桥（图 2-7）；

城市公共游憩空间模式。将工业遗产及其周边区域的环境整治与休闲、游憩、办公、商业等综合文化功能结合，提高本地地段的整体景观和文化环境特色，如老白渡滨江绿地（图 2-8）；

公益性文化设施模式。将工业遗产地段改造和城市文化建设相结合，有效延伸或弥补城市文化建设职能，提升城市形象，如江南造船厂、求新造船厂、南市发电厂（图 2-9）等一批工业遗产的"活化"利用；

时尚文化商业模式。将整个工业遗产地段改造为以时尚、创意、文化、艺术为主题，以吸引国内外时尚界著名设计师、品牌进驻发展为目标，以新产品发布、时尚设计、信息咨询、休闲娱乐等多功能服务为纽带，集创意、艺术、文化、休闲、商业等于一体的时尚活动空间，如上海国际时尚中心（原上棉十七厂）（图 2-10）。

图 2-6　M50 创意园

图 2-7　8 号桥

图 2-8　老白渡滨江绿地

图 2-9　上海当代艺术博物馆（原南市发电厂）

图 2-10　上海国际时尚中心

上海关于工业遗产保护再利用的政策环境也在不断改善。一是注重历史风貌保护，上海相继发布一系列指导文件，将产业发展史上具有代表性的作坊、商铺、厂房和仓库列入优秀历史建筑。二是积极规划工业旅游，专门编制了工业旅游发展总体规划，提出要深入挖掘百年工业遗存资源，探索创意产业集聚区与老工厂的工业旅游开发可能性，力争展现上海产业与城市转型的历程，为上海工业遗存资源转型再生拓宽路径。三是探索改造利用的政策创新，上海开始探索政府引导、市场运作、中介服务的运作机制，如创造性地提出了"三不变"原则：即房屋产权不变、建筑结构不变、土地性质不变，进一步拓宽了运作主体范围。

二、上海工业遗产保护再利用的问题与挑战

上海工业遗产保护再利用虽已初见成效，但上海在全球城市中文化板块排名尚处于中游，历史文化保护工作仍有待加强，尤其在工业遗产开发方面存在突出的难题顽症。

1. 工业遗产的区域保护规划缺乏整体性

现阶段的研究和实践仍聚焦于对历史工业建筑的保护和改造思路，如何从针对历史建筑单体的保护转向工业地段整体环境的保护，以及系统性地从用地结构和国土资源的角度看待工业遗产问题仍未得到充分的考虑。

如调研中发现，尽管上海市早在 1994 年就将耶松船厂、南洋兄弟烟草公司等列入了上海市优秀历史建筑，但是其保护的建筑仅为耶松船厂、南洋兄弟烟草公司的主体办公建筑，缺乏对其他重要的生产设施和附属建筑的保护。这些保护建筑被周边高层建筑所环绕，其建筑价值和历史意义受到较大威胁。

缺乏从城市的整体角度，认识工业遗产对上海的作用。在重视工业遗产保护的同时却忽略了对工业区域的整体保护，而使原有的场地记忆难觅踪影。例如，徐汇滨江的工业遗产整体景观环境保护规划较为欠缺，特别是浦东地区的工业建筑保留较少。针对大量一般性工业遗产的再利用则仅保留了原有结构构架，而且新旧建设部分的差异性模糊，使得在改造过后很难甄别老厂房的原貌，延续百年的工业历史记忆难以辨别。如江南造船厂这样一个凝聚着中国近代民企工业历史

的重大企业，在世博会改造后仅保留了数处相互之间缺乏联系的工业建筑单体，对于原有场地的历史信息和厂区记忆保留甚少。对滨江地区的塔吊等极具特色的构筑物也没有保留，对于船坞、船台等构筑物在改造时没有突出构筑物原有的历史特征，导致改造后整个地区的历史环境特征平淡，许多珍贵的工业历史痕迹还没有记录和整理就被粗暴地抹掉了。

2. 工业遗产的保护再利用法律法规不健全

目前上海尚未颁布对工业遗产保护的地方法规，对工业建筑保护的立法工作仅局限于优秀历史建筑保护名单的确认，缺乏对保护对象本身及周边环境有效的保护政策。由于我国近代工业发展的特殊性，能够依据《保护条例》而被列入保护名单的数目并不多，大量、一般性的工业建筑类型、群落、集聚区的保护尤其需要进一步分级评估和细化标准。

工业遗产保护涉及方方面面，特别是在城市化建设过程中，保护与建设的矛盾时常出现。在法律制度方面，缺乏严格意义上的正式立法程序，也没有对保护的目标、内容、政策具体措施作出明确规定，缺乏一个全面整体的、分期实施的保护规划，涉及再利用的相关规定过于严格，建筑物再利用的功能改变和现有用地性质改变、土地批租制度之间缺少政策桥梁。即便是优秀近代工业建筑，虽然挂上了保护的铜牌，没有很好的再利用途径，现状也不容乐观。由于缺少法律保护，致使有的具有历史价值的工业遗产在城市建设中面临被拆除的尴尬，如原英商伦敦利华公司（1923 年）、大中华造船机器厂（1931 年）、科发药厂（1909 年）、上海飞利浦亚明照明有限公司（1925 年）、正泰橡胶厂（1931 年）、上海有线电厂（1917 年）、日商池田印刷分行（1920 年）、上海新沪钢铁厂（1939 年）、中国纺织机械厂（1920 年）等。而一些工业建筑既不是文物建筑也上不了优秀保护名单，由于不符合规划图纸上制定的各种地块指标，就被理所当然地拆了。

此外，现有的城市规划与建筑技术管理规定，包括红线控制、道路红线退让、开发强度、绿化率设计、消防日照间距、结构与材料等，主要倾向于新建项目，不利于工业遗产的再利用实践，导致有关工业遗产集聚区的保护规划与地区规划大有出入，土地价格上涨更加剧了这一现象。具体的专业建议能否在实际中得到接受和贯彻，存在很多变数。

3. 工业遗产的评价体系尚待完善，缺乏有影响力的工业遗产

怎样的工业遗产是值得去研究、保护和再利用的？目前来说，并没有一个非常具有权威性的、具有法律效力的评价标准，也就意味着很有可能有一些值得被保护的工业遗产没有纳入保护体系，会被无情地损坏甚至拆除。部分旧工业建筑在地域内有着重要的标志性意义，但却只有相当少比例的工业建筑能被列入文物建筑保护的名单中。事实上，上海自开埠以来留下的工业遗存数不胜数，这些工业遗存分布在这个城市的各个角落，在文物普查的人力和物力资源的限制下，难免会有遗漏，被列入优秀历史建筑或文物保护单位名单的比照实际存在的工业遗产只是凤毛麟角。因此，如何建立一个完善的旧工业建筑的评价体系，抑或是从法律法规方面入手建立起一套可行的旧建筑保护登陆制度，用以保护那些有历史价值的工业建筑，这是目前最值得研究和解决的问题。

三普登记在册的 290 处工业遗产中，1/3 的工业遗产缺乏明确保护依据。例如，曾被称为"工业锅炉的摇篮"，并被确定为文物保护点的四方锅炉厂已被拆除。由于以往人们对工业遗产资源认识不足，大部分人认为工业时代遗留下来的东西无法被当今社会所用，工业遗产没有受到重视，不少珍贵的工业遗产遭到损坏，乃至拆毁，尚未纳入保护体系的工业遗产无故被拆现象更为常见。如虹口北外滩地区为了打造国际级的航运中心，近几年存在高强度的开发建设，东大名路以南的工业遗产基本已被破坏。1933 年设计的老上海啤酒厂建筑群尽管被列为"优秀历史建筑"，但为了配合苏州河整治工程，啤酒厂被拆除，只剩下原办公楼、灌装车间和酿造车间。在利用过程中，因对工业遗产核心价值把握不准，也会使工业遗产面临二次破坏的风险。

目前对工业建筑保护对象的界定，比较注重工业建筑的代表性和典型意义，对工业建筑环境整体质量、人居质量、社会影响等方面不太重视。政府和开发商往往趋向把大量废弃的工业用地看成是棚户区改造攻坚的捆绑资源，大量一般性的工业建筑（群落）及其集聚区在历史文化、城市风貌、人居环境延续以及可持续发展等方面的价值没有得到足够的认识，导致大量物质实体消失殆尽。此外，有的拥有工业遗产的单位，因资金、经营等困难，放松了对工业遗产的保护，拆除老厂房、旧机器，丢弃、损毁档案文件的事情时有发生，对全面、有效保护工业遗产带来了困难。据对北外滩地区的调研，为了打造国际航运中心，高强度开

发建设导致东大名路以南的工业建筑基本都被拆除，包括杨树浦码头在内的8处码头和仓库均已被拆毁，对地区的文化价值和历史特征造成严重破坏。

此外，上海尚无一处工业遗产纳入世界遗产名录和中国世界遗产预备名单中，这与上海曾是近代工业最发达城市的地位很不相称。许多工业建筑改造手法注重时尚和新潮元素的介入，多采用新材料进行重新改造，更突出了产业和商业，缺乏对工业遗产所蕴含历史信息的挖掘和利用，历史特征要素重现不够。在改造过程中，一些非物质工业遗产以及许多工业建筑原本的工业建筑特征没有得到充分留存。例如，8号桥整体开发为创意园区后，缺乏曾为上海汽车制动器厂的宣传介绍，导致市民与游客对该处曾经承载的历史知晓度不足。

4. 工业遗产的保护以个案为主，统筹保护不够

工业遗产所具有的时代意义、社会价值、历史价值、艺术价值、科技价值是独特的，工业遗产所具有的工业风貌、历史背景、生活形态、科技影响力等都不同于历史文化风貌区保护，工业遗产保护应该依托城市历史文化风貌保护体系，形成独立的、特有的工业遗产保护体系，并不断加以实践研究，指导工业遗产的保护、传承与发展。

但是，目前上海还没有独立的工业遗产保护的内容和系统。上海工业遗产保护开发现在仍以独立的个案为主，缺乏对全市工业遗产环境特征和工业遗产建筑景观的考虑，工业遗产没有形成相互关联的景观系统，缺乏整体感问题较为突出。过去，在强大的开发利益驱使下，拆迁需求量大导致城市中大量的工业遗产只是单个点状保留。工业遗产周边价值较低但是形成地区风貌不可缺少的工业建筑被拆除，严重忽略了成片保护工业遗产的重要性。例如，江南造船厂在世博会改造后仅保留了数处相互之间缺乏联系的工业建筑单体，对原有场地的历史信息和厂区记忆保留甚少。对滨江地区的塔吊等极具特色的构筑物没有进行保留，对船坞、船台等构筑物在改造时没有突出其原有的历史特征，导致改造后整个地区的历史环境特征平淡。

工业遗产保护的覆盖面和规模较小，主要零散分布在滨河、滨江及中心城区的工业厂房建筑方面，大量的优秀工业遗产、工业街坊、工业区仍未得到保护和妥善的再利用。同时，保护的对象过于局限，仅限于关注工业遗产建筑和建筑群的保护与再利用，而与工业遗产息息相关的工业区空间肌理、工业景观等历史环

境、整体格局易被忽视，脱离了与城市发展的关系。许多工业遗产保护后，不能巧妙地与周围环境统一融合，甚至存在破坏周边环境整体性和统一性的现象。此外，各界看待工业遗产的保护价值有单一性倾向，往往只重视其物质遗产所带来的建筑使用价值、空间可利用价值，而忽略了非物质历史文化价值，如工业的生产工艺、文化资本等要素，保护范围有待进一步深化与挖掘。

此外，相关职能部门的信息共享、保护协作等机制尚不健全。随着土地价格飞涨，市与区之间的利益博弈也进一步增加了工业遗产协同保护的难度。已经在保护利用过程中的工业遗产之间缺乏关联性，它们因所处的管辖地区不同、开发企业不同等原因而被相互隔绝了。如果不抓紧建立各相关部门直接的协调统筹机制，越来越多的工业遗产将在飞速发展的城市更新中消失。

5. 工业遗产的再利用模式较为单一，效益化开发难

从实地调研的情况来看，上海在工业遗产再利用方面虽然利用率较高，但利用类型过于单一化，超过一半案例的利用方式是改造为创意产业园。过多的创意产业园对工业遗产资源也是一种很大的浪费。工业遗产在空间分布上的集中性导致许多创意产业园区在空间上也呈现出集中布局的特点。这些创意园区具有定位服务人群的重叠、功能和产业上雷同等现象，相互之间无法形成统筹协调的发展平台，导致许多创意园区经营情况不佳，出现"人气十足、买气缺乏"的经营困境。保护利用模式较单一主要受制于土地流转、功能变更等方面政策突破有限。例如，工业用地转性难，城市更新的相关政策基本停留在文件上，较难落实，改造成商业、教育等用途面临政策瓶颈。

创意产业与工业遗产之间的结合日益紧密，但一些单位缺乏对工业遗产文化内涵、历史内涵的深入挖掘，将内外空间简单整治一下就对外招租，经济效益成为追求的第一目标，文化和社会价值被冷落一旁。工业遗产再利用俨然成为房地产开发的"挡箭牌"。

现阶段对创意产业园区的规划设计在理念上缺乏整体思路，大多数创意园区的改建由原工厂经营方及其上级主管单位操办，或转租二房东单打独斗。园区建设普遍以招商为第一要素，未能充分利用特色资源释放地块蕴藏的价值能量；对于一些有特定历史文化积淀的工业建筑如何改造和保护，普遍存在技术瓶颈和资金短缺。调研中还发现，一些园区存在盲目改造、改造方式过于单一、空间缺乏

多样性，以致改造后园区依然出现很大一部分空间闲置、配套设施不完善、环境质量差、缺乏和周边社区功能的衔接等问题。

　　相比于西方发达国家对于工业遗产的保护利用的成熟经验，上海工业遗产的保护和再利用仍然有较大差距。西方国家对于工业遗产的保护利用提出了许多值得借鉴的新颖方式，一些曾经破旧不堪的工业建筑被巧妙改造以满足现代办公、艺术创作或居住的功能需求，或被赋予酒吧、餐厅、游泳池、滑冰场、影院等娱乐服务型行业的功能。另一方面，西方国家对于一些具有很高历史价值的工业遗产则采取严格的"文物式"保护，如列入世界遗产名录的德国拉默斯伯格（Rammelsburg）有色金属矿的采掘和提炼车间，虽改造为博物馆，但因为完整地保护了其建筑和内部设施，以至于可以随时恢复生产。美国东部宾夕法尼亚州伯利恒市 SteelStacks 艺术文化园区（图 2-11），通过致敬场地的历史性和完整性，证实了设计对于社区复兴的重要作用。该园区的设计使改造后的钢铁厂和新建的社区及商业街实现了无缝衔接，提升了整个伯利恒市和 Lehigh Valley 地区的社区凝聚力，原先废弃的工业场地被转变为一个富有生机、艺术和娱乐气息的城市场所，激发了该区域的活力。这些西方国家的成功经验，相信可以成为上海工业遗产保护工作的参考和借鉴。

　　工业遗产开发和维护的技术难度大、费用较高，开发产生的效益与投入比不高。此外，出于土地转性难、改造成本大等原因，一些工业遗产所有人不愿主动开发工业遗产，宁愿让其处于闲置状态。这些空置的工厂内的生产机械设备以及室外的生产场地设备等都处于无人使用而无法得到妥善修复的状态，有的甚至被变卖遗失，这些都导致工业遗产保护的真实性和完整性的缺失。

　　此外，上海工业遗产再利用缺乏对工业文明应有的尊重。工业的历史和工业社会的各种人类社会经验，在再利用中都被忽略或不受重视。工业遗产地保留更多的是其躯壳，而缺少丰富的工业历史文化内容，使人无法清楚上海有过的工业发展的历史和不凡的成就。进入工业遗产地，无从知晓其所曾经有过的历史和经历。成功的工业遗产再利用，再现的应该是其对城市空间的使用价值，体现其应有的文化和历史的价值。工业旅游作为一个新兴业态，是一座值得挖掘的"富矿"。但从目前的工业遗产旅游市场现状看，依然存在旅游价值认识不够，开发模式混杂，产品形态单一，同质化严重，过于强调专业性，忽视旅游体验性，地域、行业、类别缺乏特色等现象。看似红红火火的工业遗产改造还存

图 2-11　SteelStacks 艺术文化园区

在着人流量后续无力的问题，有的工业遗产开发形式单一、利用程度不高，存在"叫好不叫座"的现象，许多工业遗产未能形成应有影响力。对于进阶为工业景观的工业遗产而言，能否找到自己的生存空间，能否有持久的生命力，在吸引大批流量后，如何保证这些流量的持续性和活跃性，是急需探索并解决的现实问题。

6. 工业遗产的资金募集缺乏政策吸引各方力量，资金瓶颈日益突显

随着上海对于工业遗产保护的规模和数量的扩大，工业遗产的再生需要大量的资金投入，单靠传统的政府拨款资金已经远远不能满足现有的需求，保护对象的增多和资金的捉襟见肘矛盾日益突出，改造仍存在很大的资金缺口问题。由于缺乏有效的政策扶持和鼓励，而工业遗产改造和维修又往往是一项高投入慢回报的浩大工程，真正能参与其中的投资商为数仍然有限，再加上法律保障的缺失，故而对于大多数工业遗存而言，保留常常显得力不从心，有些具有历史价值的工业遗产最终还是不得不面临被拆除的困境。

上海工业遗产的再利用较少有其他的资金来源，如或是基金会提供或是企业赞助。目前，政府财政拨款数额较前几年有很大提高，但对于各级文保单位来说，还是杯水车薪，更不用说那些数量巨大的工业遗产。由于资金来源单一，局限了再利用的范围与规模，使得多数工业遗产再利用的经营者为了回收成本、支持开销，追求短期的高利润，而忽略了长期的规划蓝图。单一营利性资本会导致过于专注短期效益导致工业遗产价值的损失。如有的经营者为了更好地吸引消费者，满足新功能的需要，不惜对原有空间进行较大改造，结果损害了原有的结构。同样，不少艺术家也迫于租金的逐年提高、不堪负担而离开了园区，使园区的商业氛围日浓、文化艺术氛围日淡。

工业遗产的保护和再利用完全靠政府的投入，一是没这么多钱，二是时间拖得太长，所以利用企业和民间资本进行开发有其合理性和必要性，实践证明这也是可行的模式。既然要吸引资本进入，就要创造一定的优惠政策。但是现有保护政策中缺乏对于保护资金筹集相关的优惠政策，在保护资金有限的情况下，缺乏鼓励民间力量参与再利用实践的实际举措，缺少创造性的再利用保护项目来吸引个体和企业的投资意向。而对于那些想要参与工业遗产保护的非营利性的非政府组织或个人来说，法规的不健全使他们无法通过合理的渠道从事遗产保护活动，

也无法得到法律的认可。

工业遗产保护和修缮需要花费巨额资金，改造和再利用也需大量资金支持，但至今全市尚未配套专项资金，工业遗产保护面临资金瓶颈。社会资金利用率不足加剧了资金紧张程度。国际上普遍为工业遗产保护配套激励措施，例如，对更新改造的权利人给予贷款优惠、相关审批程序简化等政策支持，上海的相关政策尚未出台，对民间自发更新保护的吸引力不足。此外，部分工业遗产受让给企业开发，在拍卖、转产、转制、置换等过程中由于主体变更，经营模式频繁发生变动，不利于工业遗产持续保护与再利用。一些空置的工业建筑，因为开发机构的经济实力不足无法继续启动更新，以及一些土地所有权归属问题处于模糊状态。

因此，如何采取积极政策，强化市场化运作中民间和团体的力量，鼓励创新机制和多元文化机制合理利用自发的、企业的、民间的有效资源，是产业建筑保护需要继续深思的问题。

7. 工业遗产的保护再利用大众参与度不够

上海的不少工业遗产散落在居民区，如何结合社区民众的需要，为地区的居民服务，应该是工业遗产再利用的目的之一。但现实中，工业遗产的再利用较少听取当地居民的意见，也较少有当地居民参与工业遗产开发和利用的过程。其实，当地的居民与这些工业遗存相处时间较长，他们了解和熟悉这些工业遗产，有参与开发和利用的热情，也会有切实可用的建议。与工业遗产相关的活动之所以没能很好展开，这与缺乏前期当地民众的参与不无关系。

由于工业遗产的再利用没有社区民众的参与，所以缺少直接为社区民众服务、为他们提供休闲、娱乐或教育的各类社区中心。而在西方，这是工业遗产再利用很重要的形式和内容。工业遗产保护和再利用最大的意义在于群众参与，在工业遗产地区的保护复兴过程中，不仅需要考虑单体工业建筑的保护，还应充分考虑地区居民的生活诉求，维护生态环境和空间文化的多样性，通过调研发现地区中最基本和稳定的环境特征并在规划中予以保留、维持和强化。

此外，现有的工业遗产再利用成果，最大的问题是公众开放性不够。未被列入保护列表的大量工业遗产改造，被改造成为公众能够自由参与的项目也不多，它们大都属于商业地产，改造后进驻的也往往是私人机构或企业单位，完成后便拒绝普通人进入。这种结果，既无助于学界对于相关情况的深入了解，也不利于公众的参与和教育意识的加强。目前学界对于工业遗产保护认识已经较为充分，但普通民众对此却常常不以为然，他们认为传统意义上的历史建筑应该保护，但破破烂烂、标志着污染和落后的工业遗存却没有什么保留的意义。只有当大众真正参与到成功的改造案例中，看到结果，并且看到这些好的改变并不仅仅是成为豪华的办公场所或者高档的消费去处，而是与他们的日常生活息息相关，这样的态度，才有可能改变。

三、上海工业遗产保护再利用的思路与对策

在上海，尽管有着相对严格的历史文化遗产保护制度和完整的保护管理体系，但工业遗产再利用具体实践依然还处在一个不断探索的阶段。

1. 加强工业遗产区域整体保护，维护完整性和真实性

工业遗产大都是以建筑单体的形式列入保护名单，只有少数是以厂区为范围整体列入名单。只保留单个点状的具有保护身份或保护价值高的工业遗产，忽略成片保护在工业遗产保护中的重要性，将其余价值相对较低、却是形成地区风貌不可少的工业建筑遗产全部拆除——这种做法虽然能得到较高的容积率，却往往导致地区原有的地貌景观和人文氛围全部被破坏，环境品质降低而使城市失去魅力。

和其他历史建筑一样，周边环境、厂区整体格局等要素对工业遗产的价值有着重要作用，因此应增加对有突出价值和意义的工业遗产单体周边环境和厂区格局的保护。对工业遗产集中的地区，可以参照风貌区的形式通过划定工业遗产集中地段的形式采用"成片划区、整体保护"的模式，这样既能承载地区集体记忆和产业发展特色，也能加强上海保护体系中"面"的类型特征和覆盖面。历史悠久、保存良好的大型厂区则应在保护原有建筑单体的同时，保留现存的工业建构筑物、生产设备及生产相关场地之间的空间关系和绿化，作为城市设计的依据，留存地区记忆，形成具有工业地段特征的整体风貌。

针对工业遗产点状分布、区域内历史风貌不统一、同类型或者同片区工业遗产间无关联性等问题，可采用区域化、类型化的保护利用。将同类型工业生产的工业遗产保护利用综合起来考虑，因生产工艺相近，厂区布局、厂房空间大小接

近，同时还反映某个生产工艺的技术进步，这样可以将点状的遗址用一条线串联形成独特的工业遗产带（群）。譬如，杨树浦路的多个棉纺厂即可类型化地改造形成特定的工业遗产带，而不是一个改成商场、一个变成超市等，完全看不出纺织厂的任何历史信息。建议以上海产业调整趋势为基础，制定工业遗产保护与再利用专项规划，纳入城市总体规划，并结合控制性详细规划的编制深化纳入法定规划体系。根据稀缺性、历史价值、科技价值等衡量标准，确定不同保护级别工业遗产，对不同类别工业遗产实行梯度化保护。融入智能化保护手段，建立"上海工业遗产保护数据库"，采集规划编制、项目审批、建设情况、保护进度等动态数据，并将动态情况统计在内。对于实体保护难度较大的项目，利用数字技术、网络技术、虚拟现实技术（VR）等现代技术手段保留工业遗产信息。针对价值较高的可移动工业遗产，市博物馆、图书馆及档案馆等应分别予以征集和收藏。

协调工业遗产与周边环境。保护过程中，重视对工业遗产与周边环境进行设计引导，做好原厂区的生态修复，提升整体空间环境品质，力求统筹协调、自然融合，实现景观再生和生态修复。尤其注重对滨江地区整体肌理和风貌的保护，增强滨江活动的贯通性和可达性。

此外，工业遗产在再利用的过程中必须遵循一定的基本原则。对于那些有重要历史价值和艺术价值的工业遗产，更应尽可能地保存建筑外立面和结构特征的独特性和完整性，尽量避免增添新元素破坏其原貌；尽可能最少量地变更，有利于保护建筑各方面的价值和降低费用，最大限度地维护其功能和景观的完整性及真实性；改造过程中要注重改造的可逆性原则，在保持工业遗产对城市记忆的不可替代性的同时，又要保持工业遗产的可持续发展；再利用过程中，不唯经济利益是瞻，在考虑经济效益的同时，还要考虑这种利用方式能不能产生良性的历史效益和文化效益，从而达到对工业遗产最大程度的保护，实现最大化的综合效益。

2. 完善工业遗产保护再利用的相关政策，健全管理与立法机制

对工业遗产再利用的功能定位，不仅是建筑设计层面，更是城市规划政府决策层面上需要认真考虑的问题。目前上海工业遗产的保护和再利用，尽管市场运作发挥了重要作用，但政策还是关键。研究和健全工业遗产保护再利用的

管理与立法机制，针对工业建筑的特殊性，在现有的保护法律体系提出相应的保护细则，对现有《保护条例》，一方面增加对工业建筑入选保护名单的数量，另一方面在名城保护规划中，将工业建筑（群落）明确划定为风貌保护区，成立专门的工业遗产管理开发机构，负责评估、档案管理、推动再利用开发等事宜。

完善工业遗产保护的法律与政策法规，使工业遗产的保护工作有法可依、有章可循，切实保障工业遗产的价值。对于面临结构性改造的工业遗产，必须要从法律高度强制性地规范开发商的活动，重要的工业遗产必须避免有损完整性的改造活动，一般性的遗产要适度地改造和再利用。还可以制定和实施一些优惠政策，如投资免税政策、土地补偿政策、收益免税政策等，利用市场机制调动开发商自主保护性利用工业遗产的积极性。

设立工业遗产保护的专项规划，在城市整体范围内划定具有统一标准的保护范围，其中明确需要保护、保留、拆除的建筑物，科学严格地确定保护的底线，然后进行设计来适应变化的各种需求。为了确保工业遗产保护专项规划的可行性，在制定该项保护规划时必须明确它的法律地位，把保护工业建筑的要求分别明确落实到每一个相关地块的控制性详细规划中去，在项目审批和工程建设管理中严格遵照执行，把工业遗产的再利用要求同具体地块的整体开发，结合土地使用、开发强度、开发方式、设施配套等各项管理内容一起实施。

政府在做出相关法律法规的要求后，应加强相应的政策透明度，如一至五批优秀历史保护建筑的名单都及时予以公布，但对于保护改造具有重要指导意义的保护级别与类别却很难找到一个完整的资料，甚至在市规划局的网站上，对相关建筑的介绍的对应栏目中也常常标明不详，这对于公众监督和相关研究都非常不便。对于已经批准予以改造的项目，对于审批内容和保护内容、范围，在可能的情况下也应予以公示，加强民众的监督力度。

3. 全面开展工业遗产价值评估，分级分类科学保护

上海已具备由"文物、优秀历史建筑—风貌保护道路—历史文化风貌区"共同构成、"点、线、面"相结合的城市历史文化风貌保护体系，下一步，应探索构建科学合理的工业遗产保护体系——工业风貌建筑、工业风貌街坊、工业风貌道路、工业风貌区。

全面摸清工业遗产家底，确定不同保护级别工业遗产，对不同类别工业遗产实行梯度化保护，融入智能化保护手段。在构建工业遗产保护体系的基础之上，应该进一步普查、梳理、研究和完善，为未来工业遗产的保护和发展奠定一个工作基础。建议有关部门积极开展物质遗产和非物质遗产的调查、建档、评估和认定工作，建立全市工业遗产保护名录，建立翔实的遗存档案。以优秀历史建筑为核心，增加优秀历史建筑中工业风貌建筑的保护名单；以已经批准的工业遗存风貌街坊为核心，要进一步拓展保护对象；建立工业风貌道路的概念，经典的工业风貌道路两侧不仅具有工业风貌的特色建筑，还有独特的工业景观，都应该予以保护；黄浦江、苏州河作为工业风貌景观廊道，在一定程度上也属于工业风貌片区，大型工业区也应该整体保护和发展；从物质遗产层面拓展到非物质遗产层面，不仅要保护工业遗产的物质要素，更要重视工业遗产具有特殊意义和代表性的非物质遗产内容，包括历史、人文、工业技术、生产方式、工艺流程、产业贡献、相关荣誉、企业发展历程、品牌文化等综合要素。

在全面开展工业遗产的普查、评估、认定、登录等抢救性整理工作的基础上，确立工业遗产保护体系。面对未知的数量庞大的有潜在价值的工业遗产，文物部门应尽快开展全市性工业遗产普查活动，查清工业遗产的规模、数量、分布等，及时准确地掌握第一手资料，确立科学的评估与认定标准和相应体系，并及时对其进行登录，进而建立上海市工业遗产清单，并根据其价值划定文物保护单位，逐渐形成一个各个时期和各种工业门类较为齐全的工业遗产保护体系。

工业遗产与其他类型的遗产存在着很大差别，主要在于工业建筑类型功能性强而设计形式相对简陋，比较自然，没有刻意在建筑艺术上有所追求。正因如此，工业遗产的价值大小不能简单套用其他类型建筑的价值标准来衡量，而应该以历史价值、艺术价值、科学价值、环境价值、经济价值等的判断标准来评估工业遗产的价值。

首先以已登录不可移动文物中已有的工业遗产资料为基础，结合现在正逐步完善的大机平台，将保护建筑的范围、本体和具体要求进行录入。在以后的城市建设，尤其是项目开展伊始就可以帮助管理部门、设计单位和开发商等迅速掌握基地范围内的工业遗产的信息和要求，便于后续工作的开展。要尽快确立工业建筑的价值体系：有没有价值是决定其拆除或保留的前提；而价值大小，则决定了如何对其进行保护和利用。对于数量众多的工业遗产，宜采取积极的分级保护再利用，避免一刀切。这样才能保证价值高的工业遗产得以不改变原状保护，而价值较低的工业遗产得到有效的改造和再利用，使两者相得益彰。

4. 丰富工业遗产再利用的功能类型，控制好功能业态

工业遗产的再利用对于改善目前大众参与的场所及文化机构严重不足的局面，有着巨大的优势。创意产业作为提升工业遗产价值的一个有效手段，其价值不应被过分放大。在现行体制下，政府在对工业遗产的开发方向的审批上，应该向公共教育与文化设施上倾斜，提供相关改造项目更加优惠的政策，加大图书馆、展览馆、博物馆、社区活动中心、学校、居住等多样功能在工业遗产改造开发中所占的比例，使城市中心区的重塑开发让更多普通人受益，并提高公众对于工业遗产保护的认识和热情。

目前，上海既有的工业遗产再利用形式主要是创意产业园。发展创意产业无疑是为企业搬迁调整开辟了一条新的途径，但是如此千篇一律地复制再复制，再利用模式的单一性不仅损害了这个城市的个性，也给人们带来了审美疲劳。这就需要政府从政策制定和资金投向上加以引导，打造更多符合人们多方位需求的新城市视觉景观，实现工业遗产再利用和文化创新的双重目标。

在工业遗产改建定位时，对于现状用途适当的工业建筑，可以在维持现状用途的基础上，对于功能进行适当的拓展，挖掘其对于社会和周边社区的价值。应注重对于再利用功能定位的选择，加强周边的合作和协调，避免因为产业部类雷同而造成新的问题。尽管现在一些工业遗产已经改造为社区公共活动设施，但是工业遗产的保护利用对提升周边地区整体活力和空间品质的能力还是相对较弱。在未来的发展中应将工业遗产的保护利用和周边城市配套服务设施相结合，将保护利用和社区复兴相结合，提升地区整体的活力和空间品质。

5. 拓展工业遗产开发模式多元化，多角度表现工业历史文化

工业遗产形态多样、保护级别不同，所处的城市发展阶段不同和环境保护需求不同，工业遗产保护模式也应该是多样化的。根据工业遗产本身的价值条件和保存现状这两方面的评估，来确定适当的保护政策，从而对其进行保护与再生改造，激发工业遗产新的活力。政府也要根据产业结构的调整与城市环境的整治需

要，将工业遗产的保护与再利用纳入整体城市发展规划，从城市的空间布局、生态修复及产业转型等多方面考虑，决定对工业遗产的保护与再利用采取不同策略与方法。在内容上，应当由建筑的保护改造，扩展到包括空间、格局、建筑、交通、景观、环境等综合要素的整体保护。在价值上，应当从单一的物质遗产保护扩展到物质与非物质遗产兼顾，充分认识和系统保存并建构工业遗产本身所具有的独特价值与非物质精神，它是一种具有运营价值、商业价值、历史人文价值以及对应未来创新经济的、独特的、不可再生的具有历史文化价值的城市特质空间。

要寻求高效益开发模式。以功能置换为核心，推动工业遗产保护与新技术、新业态融合，不局限于打造创意园区，鼓励采取博物馆、景观公园、城市地标等多种改造模式，尝试将老厂房建成美术艺术展览场馆、小剧场集群、休闲娱乐场所。探索寻求政策突破，将工业遗产改建为青年旅社或青年社区、公租房、精品酒店、大型超市等，力争进一步推广商业化运作模式，提升工业遗产开发利用率。可借鉴巴黎经验，将市内大型工业遗产改造后建成大学，增强历史风范；鼓励将闲置厂房、仓库等改造为双创基地和众创空间，支持高新技术产业入驻。

推进综合性规模化开发。对工业遗产集中成片、工业风貌保存完整、能反映出特定历史时期或某种产业类型的典型风貌特色、有较高历史价值的区域，可列为工业遗产保护区，进行整体保护与再利用。例如：拓展滨江岸线贯通范围，把沿江工业遗产串成公共开放的沿江工业遗产历史风貌带，使其成为上海"城市记忆"和"城市文脉"新地标；将成片工业遗产改建为集商务、旅游、购物、创意设计等诸多功能为一体的大型综合体。

与科技创新元素相结合。工业遗产中凝聚着上海过去科技创新的足迹，是如今科技创新的重要基础。深度挖掘非物质工业遗产，将具有划时代意义的工业技术、工业流程等在博物馆进行展示，作为重要科普材料向公众开放，展现先进技术的历史演变脉络，有助于形成大众创业、万众创新发展格局，有利于形成具有全球影响力的科技创新中心基本框架。

积极申报世界遗产。选取有代表性的工业遗产保护片区，启动申报世界文化遗产工作，力争早日有工业遗产列入中国申报世界遗产预备清单，以提升上海工业遗产的国际影响力。

6. 多渠道筹措工业遗产保护资金，建立有效的鼓励机制

经费来源的多样化，是工业遗产再利用可持续经营的重要原因。当前上海工业遗产利用中经费筹措较为单一，主要还是透过企业、个人自身筹资，资金来源比较单一，更缺乏保障。考虑到工业遗产保护与生俱来的公益事业性质，需要通过资金援助和税收激励来实现对其的有效保护。在一定的意义上，寻求资金的多样化，不仅仅是解决金钱问题，同时也可以激发民间和企业的保护意识，使更多的人关注工业遗产保护问题。

除了政府部门的资金补助与激励政策的制定，工业遗产再利用可借鉴西方经验，力求经费来源多元化，从政府、企业、民间团体、各类基金、私人甚至国际组织寻求资金，民间为主、政府为辅。政府要在财政预算纳入工业遗产保护的费用，落实基本的保护资金；民间可以设立工业遗产再利用的基金会，政府可以适当地投入加以鼓励引导；向企业及大众募款也是寻求民间赞助的有效可利用形式；还可以制定相关政策鼓励保护措施的开展，或者制定有益于社会捐赠和社会赞助的政策措施，比如容许捐赠抵税，贷款、土地使用等优惠政策，降低民间成立基金会的门槛，增设鼓励民间资本的进入的激励政策等。

建立有效的鼓励机制，吸引民间资金参与，一直是我国工业遗产保护工作的薄弱处。首先要将工业遗产保护纳入各级政府的财政预算，确保基本保护资金的落实。由市决策机构设立面向工业遗产再利用专项使用的基金会，资金来源可以来自土地使用权转让金的税收部分，也可接受行政划拨的专项资金，以及原厂房正常的维修资金、社会捐款、其他资金等。设立专用基金可以为工业遗产再利用提供一定程度上的资助，有利于按市场经济原则建立保护和再利用的长效机制。对于我们这种市场经济体系尚未完善的发展中国家来说，不失为一种促进建筑遗产再利用的可行性模式。此外，我们知道，西方国家的一些经济激励政策大大地鼓励了民间资本投入保护当中。其中，税收是一个主要的经济激励手段。相关部门应该结合上海本身的情况，协调税务部门，仔细研究出一套适合上海工业遗产保护的税收激励政策，以鼓励民间资本投入保护的行为中去。

7. 推动工业遗产的公共参与度，加大公众开放性

工业遗产的保护和再利用需要社会各界和居民积极广泛的参与，公众作为社

会的主体，他们的关注和兴趣才是工业遗产保护和再利用顺利进行的保障。上海工业遗产的再利用，缺少社区活动中心等中小型公共空间，一个重要原因是因为目前社区民众多数未能参与、介入工业遗产再利用的社区规划。民众参与的缺乏除了深层次的教育、文化原因，民间团体组织的不易，还由于政府的相关规定、条例过于笼统，未能保证再利用空间规划过程的公正公开，使得工业遗产再利用呈现的不是政府长官的意志，就是由开发商主导的市场产物，从而无法较好体现社会、社区的总体利益。

要提高工业遗产再利用社区民众的参与度，应加大工业遗产保护的宣传、普及工作力度，增强公众对工业遗产的兴趣和认同。相关部门可以通过政策给予引导教育，鼓励公众和媒体参与保护并保障他们的权利；或者通过博物馆展览、媒体宣传等方式，使公众亲身体会工业遗产的历史价值和人文价值，进而提高其保护意识。还应建立广泛的公众参与体制和行之有效的社会监督机制，比如成立工业遗产保护的社区委员会和民间保护协会，这些组织可以及时向政府反映建议和意见，并参与项目的计划、管理工作，同时又可以对政府和开发商起着监督的作用。要确立公众在有关历史建筑及地段再开发中参与的权利，制定相关的法规法令鼓励公众参与，并保证规划过程公正公开。在工业遗产再利用的前期工作中，让城市政府、设计师及开发者广泛征询公众意见，并邀请公众代表参与相应地段规划的讨论研究。吸收合理的意见与建议，保持在规划过程中与民众紧密联结；在再利用过程中，建立专门的公共监督评价机构对再利用进行评价，保证全体的最大利益，以及规划结束后，设置服务热线确保民众意见的倾听。

8. 切实完善保障措施，建立统筹协调推进机制

工业遗产的保护更新过程，不仅涉及文物保护，还涉及经济、建设以及政府职能部门等多方面，因此需要在保护和城市建设的需求中寻求有机结合、协调发展，为高水平开发营造良好制度环境，建立统筹协调推进机制，做到充分发挥工业遗产自身价值又吻合城市的新的功能布局，为工业遗产寻一个合适的未来。

创新规划土地政策。制定优化规划用地性质调整程序、容积率转移和奖励政策等，在土地政策方面进行创新探索。拓展上海工业遗产保护政策框架中"三不变"改造方式，探索以行政划拨、公开出让、功能更新等多种方式对工业遗产用

地及建筑进行开发再利用。

鼓励业主自我更新。对部分符合权利人自我更新条件的工业遗产，应明确权利人的权利、义务和责任。按照"谁使用、谁负责、谁保护、谁受益"的原则，在企业拍卖、转产、转制、置换等过程中，受让方应采取积极措施，切实履行保护利用工业遗产的职责。建议对整修和维护活动给予一定补贴政策（如修缮费用可抵税），提高业主自我更新的积极性。探索将临时性利用作为保护再利用的新型催化剂，由权利人出资提供区域厂房最基本的基础设施改善，其余部分由临时性利用者自发改造完成，通过小规模投资并维持权属模式的状态，以更低成本和更高灵活性提升工业遗产的吸引力。

健全法律体系。加快制定《上海工业遗产保护条例》《上海市工业遗产保护管理办法》，明确风貌保护体系中工业遗产的保护地位和具体要求，使保护工作有法可依。建立快速反应机制保护工业遗产，防止遗产中要素的迁移或破坏。重要遗产受到威胁时，执法队伍应采取及时措施加以干预。

加大资金支持。加大工业遗产保护政策的资金扶持力度，实质推进设立专项保护资金，并通过多渠道筹集。探索采取政府和社会资本合作模式建设综合服务平台，在全市层面建立收购制度，设立循环基金，用以收购残破受损建筑物及安排后续整修和维护。

加强各方协同联动。协调市、区有关部门统筹推进工业遗产保护，建议在市级层面形成由规土、文物等部门牵头，市、区有关部门共同参与的工业遗产保护联席会议，统筹协调工业遗产保护的相关事宜。在联席会议的指导下，成立上海历史风貌与工业遗产联合执法队伍，形成合力，防止乱拆乱改工业遗产现象发生。在工业遗产的重点保护区内安排建设项目时，应事先征得工业、规划及文物行政主管部门同意。

深化国际合作研究。鼓励更多的上海专家学者通过国际工业遗产保护协会组织，与其他国家和地区开展工业遗产保护方面更广泛的学术交流，主动承担研究课题、参与国际古迹遗址理事会世界遗产项目的咨询工作，在全球坐标系中认识上海工业遗产的价值，在国际工业遗产保护规则制定中发出"中国声音"。

9. 积极发展工业遗产旅游，赋能文旅消费新方式

近年来，随着国家和各地工业遗产保护和开发利用工作的深入推进，大众对

工业遗产旅游的兴趣渐浓，工业遗产旅游业已成为具有猎奇探险、休闲度假和研学科普等特色功能的新业态。工业旅游不是简单的工业＋旅游，它是两种文化的交融，是百年工业积累与旅游要素形态的融合。它需要通过历史记忆、复原真实场景等，让游客产生情感共鸣，让游客观赏工业、参与工业、沉浸式体验工业。随着科技进步，工业旅游要融入休闲、高科技元素，并用情怀来讲好传统工业的故事，构建一个"可观（景观）、可玩（参与）、可学（知识）、可购（购物）、可闲（休闲）"的工业旅游运营生态。

与工业名人故事进行组合性开发。上海曾聚集了一大批对中国民族工业起到巨大推动力的工业开拓者，例如荣氏家族、侯德榜、吴蕴初、卢作孚等，注重工业遗产旅游与工业名人故事的有机结合，将景点开辟为爱国主义教育基地，有助于进一步塑造城市工业文化，提升工业遗产旅游地的吸引力。

注重与体验经济相结合，打造特色鲜明的工业旅游产品。将工业遗存与文化创意、城市记忆、休闲氛围充分融合，将工业遗产景观与智慧城市建设、物联网、云计算等创新应用深度融合，打造具有鲜明地域特色的工业旅游产品。在博物馆、遗址展示厅、游客中心、考古工作站，利用数字多媒体手段，为游客提供现场沉浸体验。充分利用增强现实、虚拟复原等高科技手段，引导游客走入数字空间，体验工业生产场景。通过动漫技术、游戏软件，或者一些高科技手段，对它进行动漫游戏的复原，或是通过艺术家的创造，通过书法、中国画等形式创作出当年的一些生产、活动场景。鼓励企业通过开放生产车间、设立用户体验中心等形式进行产品展示和品牌宣传，建立活态工业遗产厂址和工序参观环节。利用每年举办的中国国际工业博览会、中国国内旅游交易会等展会平台推介上海工业遗产旅游。

协同长三角区域优化上海工业遗产巡游线路。打造沿黄浦江江游览、沿苏州河体验的工业遗产旅游线路，选择市场反应良好、具有区域吸引力的景区进行深度开发，结合上海工业发展的成就与趋势，集合不同产品的产业性质和区域位置，有机整合、开发与推广，开设战略性新兴产业示范型、先进制造业示范型、生产性服务业示范型、创意城市型、工业博物馆型等若干主题的旅游线路，还可辐射带动形成以上海为中心的长三角工业遗产群旅游线路。现在苏州河两岸工业遗存分散在各区，需要形成一种"拳头产品"。在上海打响"文化品牌"过程中，应重视打造"苏州河文化"的品牌，不断提升亲水公共空间品质，发挥苏州河沿岸工业遗产优势，支持、助力苏州河沿线工业遗产打包申报世界非物质文化遗产。

提升公众参与度。综合运用出版物、展览、电视、互联网等传统和新兴媒体渠道，加大对上海工业遗产的规模、形象、区位宣传，加强对保护利用工业遗产重要意义的宣传和引导，建议教育部门将工业遗产保护的知识和意识纳入中小学教学计划，提高公众对工业遗产价值的认知及欣赏水平，增强保护工业遗产的自觉性，形成全社会监督的良好局面。

第三章

上海红色文化遗产保护利用协同发展的策略研究

红色文化遗产是中国共产党带领广大中国人民走向新中国这一特定历史时期内遗留的物质及非物质遗存，是近代中国社会转型的产物及历史见证。无论是抗战纪念地、纪念馆，还是领袖故居，都凝聚着奋勇拼搏、不屈不挠的精神内涵。红色文化遗产是红色文化基因的重要载体，是城市红色特质得以传承和发展的基础，也是国家形象的直接来源。红色文化遗产具有很强的政治性，是集多种功能价值于一体的特殊的、珍贵的当代历史文化遗产，其中蕴含着中华民族特有的精神价值和思维方式，是建设社会主义和谐社会的重要资源。在我国参与国际事务越来越密切的时代背景下，在中国文化"走出去"的时代号角下，红色文化遗产构成了塑造国家形象、传播文化价值的重要载体。在国家对外发展的关键时期，整合利用红色文化遗产资源，不断提升红色文化遗产的当代传播水平及影响力，是切实传播社会主义核心价值观的重要途径，具有提振国家文化安全的重要战略意义。

作为一座具有优秀文化传统和丰厚人文历史底蕴的城市，上海蕴含着具有当代价值的殖民地屈辱史和反帝爱国史资源、红色文化资源、抗战文化资源、近现代工商业文化资源、海派文化资源、古代文化资源。要打响"上海文化"品牌，丰富的红色文化、海派文化、江南文化是上海的宝贵资源，要用好用足。上海作为中国共产党的诞生地和发源地，作为中国共产党梦想起航的地方，在深入挖掘中华优秀传统文化、继承革命文化、发展当代社会主义先进文化以及讲好中国故事方面，有着得天独厚的文化资源和优势。上海是蕴藏丰富红色文化的一块宝地，红色文化是上海文化集大成的表现，贯穿于中国共产党领导的革命、建设和改革的全过程，贯穿于现代上海的发展全过程，打造红色文化品牌是上海在新时期承担的时代使命。

作为一座国际性大都市，上海同时也是中国共产党的诞生地、红色革命的发祥地，有"中国革命的红色摇篮"之称，与井冈山、遵义、延安、西柏坡合称为"中国五大革命圣地"，拥有众多珍贵的革命遗址和得天独厚的革命历史资源，红色资源极为丰富。中共中央在上海期间，发动、领导了一系列重大的革命斗争，走过了艰难曲折的风雨历程，留下了无数革命者的足迹和不少红色遗址，是全国的"红色之源"。上海的红色渗透在城市的每一处，渗透在繁华都市的血脉里。上海这些珍贵的红色历史遗址遗迹，既铭刻着中国共产党英勇奋斗的光辉历程，也蕴含着丰富的革命精神和文化资源，是中国革命的重要历史见证和宝贵的历史文化遗产，反映了中国共产党从幼年走向成熟并取得革命胜利其间所经历的艰辛历程和发展线索。这些红色遗址都是上海不可多得的宝贵历史文化史料和爱国主义资源，是上海这座城市的历史宝藏和文化骄傲，深入挖掘、整理、利用这些珍贵的红色资源，运用好这些弥足珍贵的革命遗址财富，以史鉴人，用革命烈士的丰功伟绩激发市民爱国爱上海的热情，是非常值得保护和开发运用的事情。

近年来，随着经济、社会效益及政治影响驱动，以及高层推进，上海红色旅游持续升温，并带动建筑、商贸、交通、电信、加工业和农业等诸多关联产业发展。将以弘扬爱国主义精神的上海红色遗址和精神瑰宝为主要吸引物的旅游产品，红色旅游具有显著的中国特色。通过对上海红色遗址遗迹的保护和再利用进行研究，梳理挖掘城市红色元素，凸显上海成为中国革命摇篮的深厚历史渊源，进而将上海所有几百处红色史迹串联成线，打造红色旅游服务生活线。深入挖掘、整理、利用这些珍贵的红色资源，把红色文化与旅游产业相结合，对于加强红色传统教育、增强全国人民特别是青少年的爱国情感、弘扬和培育民族精神、拓展旅游业发展的新增长空间、促进区域经济社会协调发展，具有重要的战略意义和实践意义。

习近平总书记多次指出，"要把红色资源利用好、把红色传统发扬好、把红色基因传承好"。中国共产党诞生结缘上海，党的诞生地的红色资源、红色传统和红色基因，积淀着中华民族深厚的精神追求，是一部生动丰富的教科书。我们要珍惜这笔宝贵的精神财富，把红色资源转化为旅游资源和经济资源，将红色资源转变为具有地域特色的红色文化品牌。用足用好本市红色文化资源是一项长期课题，是传承红色基因、发扬光荣传统，为上海建设卓越的全球城市和社会主义现代化国际大都市激发强大精神力量的重要举措。需要梳理整合上海"红色起点"的文化资源，提升上海文化的原创力、辐射力、影响力、软实力，从而为上海新时代战略优势的构筑与国际文化大都市的建设提供有力支持。

一、上海红色文化遗产现状

1. 上海红色文化资源家底基本摸清

近年来，上海大力推进红色文化资源保护利用工作。红色文化资源保护利用得到前所未有的重视，工作成效明显，并呈现良好发展态势：修缮了1920年毛泽东寓所旧址、张闻天故居、鲁迅故居、中共中央上海局机关等一批革命史迹；提升了中国共产党第二次全国代表大会会址、周恩来同志在沪早期革命活动旧址等具有较高文物价值的革命史迹的保护等级；腾迁了中共中央阅文处旧址、陈望道旧居，将在修缮后辟为纪念馆向公众开放等。

上海市红色遗址遗迹的分布，在市区相对较为集中，数量也较多。据统计，现有红色遗址遗迹657处（其中与中国共产党的活动直接相关的遗址456处，其他遗址201处），现存440处，损毁217处。在456处遗址中，重要历史事件和重要机构旧址174处，重要历史事件及人物活动纪念地190处，革命领导人故居21处，烈士墓21处，纪念设施50处。此外，1915年到1949年之间，上海红色历史纪念地共有1020处（其中包括与中国共产党通力合作的民主党派历史纪念地）。

从保护的级别来看，列入全国重点文物保护单位的就有中共一大会址（图3-1）、中共二大会址、中国社会主义青年团中央机关旧址、龙华革命烈士纪念地、上海宋庆龄故居、张闻天故居、宋庆龄陵园、鲁迅墓8处，省级文物保护单位44

图 3-1 中共一大会址

处。从革命遗址的利用级别看，列入国家级爱国主义教育基地的有：中共一大会址纪念馆、中共二大会址纪念馆、中国社会主义青年团中央机关旧址纪念馆、龙华烈士陵园、陈云纪念馆、宋庆龄陵园、上海鲁迅纪念馆 7 处，省级爱国主义教育基地 19 处；省级党史教育基地 15 处。此外，当年各界人士在中国共产党的带领下纷纷以自己的方式进行着抗战斗争，聂耳故居、百代小红楼以及电通公司旧址成为人们缅怀国歌创作历程的重要场所。

在红色旅游方面，上海目前拥有近 60 处革命历史遗址、遗迹、纪念馆、陈列馆、故居、陵园等红色旅游景点。其中，有 34 家上海红色旅游基地、9 家全国红色旅游经典景区。凭借这些红色资源，上海现着力打造两大红色旅游格局，即：依托世博园、陆家嘴地区等反映改革开放伟大成就、具有时代特征的浦东片区；依托革命遗迹、名人故居、革命历史纪念馆、烈士陵园四大系列红色旅游景点，反映上海革命历史和发展成就的浦西片区。在全国的 30 条旅游路线中，上海为中心的沪江浙红色旅游区成为第一批全国十二个红色旅游区之首，其主题是开天辟地、党的创立。还有近几年的上海抗战历史地图的研制与发布，四行仓库纪念馆的历史与研究，抗战时期的上海市难民区、上海犹太难民研究与纪念活动等。上海在红色旅游的资源利用与开发和保护中，与其他城市相比已经是走在了前沿。

2. 红色文化资源保护重点项目有力推进

近年来，上海积极推进"党的诞生地"发掘宣传工程，不断加大红色资源发掘保护力度。在抓好面上工作的同时，有力地推动了红色文化资源保护重点项目。上海深入推进中共一大纪念馆筹建工程，打造一大会址纪念馆周边"红色一平方公里"，使之成为申城重要的红色文化地标。按照保护为主、抢救第一、合理利用、加强管理的方针，近两年还先后启动对陈望道旧居、团中央机关旧址、中国劳动组合书记部旧址、《新青年》编辑部旧址、中共六大以后中央政治局机关旧址、中共中央特科机关旧址、中共中央军委机关旧址（彭湃烈士在沪革命活动地点）、中共中央秘书处机关（阅文处）旧址等一批具有重要价值旧址的保护修缮工作，还原历史风貌，提升教育功能。为凸显红色文物建筑的历史价值，位于老渔阳里 2 号的《新青年》编辑部旧址、中共"六大"以后党中央政治局机关旧址将分别更名为"中国共产党发起组成立地（《新青年》编辑部）旧址"和

"中共中央政治局机关旧址（1928—1931年）"，进一步体现两处旧址在中国共产党党史上的重要地位。上海亦已推动了一大博文女校、中国共产党代表团驻沪办事处旧址成功申报第八批全国重点文物保护单位。

上海积极修缮基础设施，提升场馆公共服务水平，对三山会馆、黄浦剧场等红色文化场馆提升展陈能级。优化展陈水平，通过推出精品、嵌入科技、调整结构、创新手段、扩大规模等方式着力改进展览水平，让静止的遗址活起来。如黄浦区建设了红色文化传播传承中心，集展示、传播、体验、交互等功能于一体，通过多媒体展陈手段、智能化体验设施、互动式立体宣传，以点带面呈现发生在黄浦区域内的中国近代革命史，使之成为市民游客了解黄浦红色人文历史、感受革命传统的活字典；上海市民终身学习红色文化体验基地组建了伟人足迹馆、评弹艺术馆、算盘文化馆等体验场馆，可以坐在木船上观看4D电影，体验当年陈云坐船离乡去商务印书馆的情景等；国内首家主题性的国歌展示馆，曾是电影《风云儿女》的拍摄地电通影业公司旧址，在这里通过视觉及听觉的多重体验均能感受到国歌的震撼（图3-2）；经过修缮的四行仓库设计了多个战斗场景的体验式展示，可以在里面进行模拟再现实景。（图3-3）

图3-2　国歌展示馆场景重现　　　　　　　　　　图3-3　四行仓库模拟实景再现

3. 整合红色文化遗产资源，促进文旅商融合发展

上海大力发展红色文化产业，加强红色文物创意产品开发，促进红色革命史迹与创意产业、影视文化产业等融合发展，完善业态发展支撑体系，形成了一批具有示范性、带动性和影响力的融合型红色文化产品和服务品牌。

上海通过打造红色旅游经典景区、推介红色体验旅游精品线路，将发展红色旅游作为红色文化遗址利用的重要途径。上海市出台了《红色旅游基地服务质量要求》，规定了上海红色旅游基地的总则、设施要求、展陈要求、服务要求、配套要求、卫生安全要求和管理要求等，引导和推动红色旅游基地的健康发展，提升红色旅游基地的建设和管理水平。游客对上海红色革命遗址的总体旅游体验满意度较高，在携程旅行网上绝大部分的红色革命遗址评分都在 4.2 分以上，从评分上也可以看出游客在红色旅游过程中的总体满意度较高，说明上海红色文化和红色旅游的融合质量受到了游客的肯定。但在游客消极评论中也暴露出了革命遗址的展出内容缺乏创新性、开放时间不合理、遗址地理位置不便、运营管理不当等问题，需要在后期进行针对性的改正，以提高游客的体验满意度，提升上海红色文旅融合的融合质量。

为有利于合理开发利用上海红色旅游资源，促进资源整合和红色品牌的打造，上海对红色旅游资源进行了综合区划，将上海红色旅游资源区划分八大红色板块区：黄浦、徐汇长宁、虹口、静安、青浦、宝山、南郊、浦东新区，突破了原有的五大主题经典区（以中共一大会址纪念馆和新天地为中心的"开天辟地"旅游区，以龙华烈士陵园和龙华旅游城为中心的"英烈丰碑"旅游区，以中国左翼作家联盟成立大会会址纪念馆和多伦路一条街为中心的"文化先驱"旅游区，以陈云故居暨青浦革命历史纪念馆、东方绿舟、朱家角为中心的"伟人风范"旅游区，以宋庆龄陵园和虹桥开发区、古北新区为中心的"走向未来"旅游区)，辐射至多个郊区；内涵上，更加彰显上海红色旅游的"都市型"色彩。

其中：黄浦板块区为"红商旅"结合，即红色旅游资源与上海都市文化和时尚商业圈相结合，结合时尚精致的城区特色，以中共一大会址纪念馆为中心，联动周边孙中山故居、上海韬奋纪念馆、周公馆，涵盖新天地，使红色旅游景点和都市人文时尚资源相连，串联周边红色旅游景点和区内时尚地标，策划红色之旅的群体活动；虹口板块区为"红古"结合，即指红色旅游资源与历史文化风貌保

护区相结合，依托区域历史文化资源，以"点成线、线成片"的思路，面向学生，把红色爱国主义教育与感受历史文化风貌相结合；浦东新区板块区为"红游"结合，把红色旅游资源与主题游乐休闲体验区相结合，在景区外部也可以加强红游联合发展，浦东新区有丰富的红色旅游资源，同时上海的主题游乐区也主要分布于浦东新区外环；青浦板块区为"红绿红古"结合，即指将红色旅游资源与绿色古色生态旅游资源相结合，坚持以陈云纪念馆为龙头，开发与朱家角古镇结合，与东方绿洲结合，开启红绿红古共生发展，积极整合旅游资源。

上海红色旅游还进行市外跨区域联动——以点带线，以线联面，点线面结合，即区内和区外的红色旅游资源可以根据一个人物、一个事件或一个故事，串联起来，形成一个区内互惠合作、区外联合竞争、内外共同发展的开放式红色旅游共生系统。目前已在规划中的线路有中共一大会址与嘉兴南湖红船的连线，上海与井冈山、遵义、延安、西柏坡的连线，以及与长三角区域内红色旅游景点连线。

上海目前对外开放的30家红色场馆，类型颇为丰富，既有反映重大事件的，也有中共党史上重要人物的纪念馆。时间上，则几乎覆盖了中共党史、新中国史、改革开放史、社会主义发展史上的每一个重要阶段。上海红色旅游景观形式多样，景观内容也较为丰富，展示类的不仅有相关的实物展品，还有照片、模型、蜡像、雕塑、影像资料等，展示内容数量众多。游览还结合了线上活动，例如，微信扫码、关注公众号之后会下载有详细的语音详解和游览路线、展馆内容等。还有在纪念馆里设有移动电子互动平台，游客游览中可以感受运用高科技手段的更加生动形象的展现情景还原。

4. 积极打造红色演艺内容产业

当前，上海正在全方位发力，打造红色演艺内容产业，鼓励对红色题材开展文艺创作，打造一批好叫好叫座的舞台剧、杂技剧等原创作品，并推向国际舞台。2019年5月，上海杂技团和上海市马戏学校联合创排的大型红色海派原创杂技剧《战上海》成功首演，这是上海文广演艺集团探索"红色演艺"的又一部创新之作。在国际上斩获金奖无数的海派杂技，首次尝试红色题材，将惊心动魄的战争场景、壮烈凄婉的革命爱情、令人屏息的高难杂技熔于一炉，惊心动魄地还原了70年前人民解放军激战上海滩的历史。

融海派风情、悬疑谍战和赤忱信仰于一炉，上海原创舞剧《永不消逝的电波》（图 3-4）在第十二届中国艺术节上摘得文华大奖，收获如潮好评。整台舞剧充满紧张悬念又荡气回肠，兼具好莱坞大片式的电影质感，彰显红色题材文艺创作的创新实力。

上海通过电视、展览等多种形式广泛宣传党的诞生地和建党精神，推动"党的诞生地文艺创作工程"向纵深发展，引起良好社会反响，进一步彰显红色文化资源影响力。市文旅局推出系列直播《博物·在看》（图 3-5），通过历史情景再现、纪念馆现场体验等方式，讲活历史故事，用活红色资源，从不同视角展现上海的红色文化基因。

图 3-4　舞剧《永不消逝的电波》

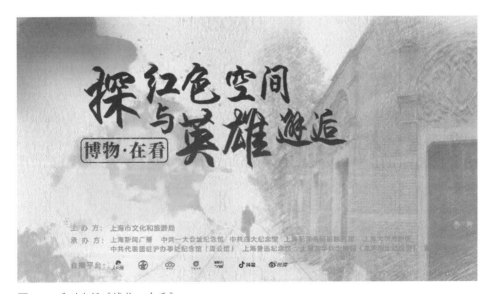

图 3-5　系列直播《博物·在看》

活动在中共一大会址纪念馆等 8 家红色纪念馆展开，每周在人民日报、文汇报、文化云、抖音等客户端进行视频直播。系列直播结束后，相关内容还将进行二次创作，作为数字资源，提供红色文化的在线"体验式教育"。

二、上海红色文化遗产保护利用中存在的不足和问题

上海红色文化资源保护利用工作虽然成效明显并呈现良好发展态势，但还存在一些问题，如上海作为中国共产党诞生地这一核心品牌价值并未得到受众的广泛认同、整体开发力度小、区域内竞争多合作少、旅游产品体验性差等。

1. 内涵挖掘不足制约了红色精神的阐释

上海拥有丰富多样的红色文化遗产资源，并呈现出开创性、国际化的显著特点，在中国共产党的发展历程中具有开天辟地的意义，同时也具有全国红色文化源头的历史地位。然而，上海虽在红色资源的保护、利用方面也做了大量工作，但红色文化精神的内涵挖掘及影响力远与之不成正比，相比井冈山、遵义、延安等地仍有巨大的发展空间。更具讽刺意义的是，由于中共一大会址被新天地的光环所笼罩，甚至有年轻人认为中国共产党创立初期条件很好，开会选在了毗邻小资空间的市中心位置，并未觉如何艰苦卓绝。（图 3-6）

上海虽然在红色旅游建设中成绩显著，但发展速度过快导致旅游质量的不

图 3-6 一大会址周边

足，对红色文化资源所蕴含的"见人、见史、见精神"新时代价值和深层内涵挖掘远远不够，只是进行表面化的旅游景观规划，以游客游览量为重点而忽略对红色资源的保护和红色精神的发扬。除了红色旅游的文化内涵没有得到凸显，红色文化、都市文化、海派文化这三种文化在改造过程中，也没有得到很好的结合，特别是各区展示改革开放成果，需要进一步打造"红"的效果。

2. 利用方式单调削弱了红色文化的影响

纵观上海的红色文化遗产，总体上比较局限地定位于红色文化资源的展示机构和参观景点，大多数都是以抗战遗址纪念馆、名人故居纪念馆、组织机构旧址纪念馆等形式存在，部分红色旅游景点本身规模较小，现状也有一定的局限性，参观主体物比较单一，文化设施布局形式较为单一，教育形式单一。

开发利用方式大多是静态的博物馆式陈列，文字加图片的平面介绍，主要停留在一般的参观讲解上，情景式、体验式、融入式教育少，总结提炼、内涵拓展较少。大部分的红色旅游景点和游览者的参与互动性不强，加之场地有限，缺乏一些可参与的项目和活动。展陈方式单调，且产品形式雷同，与现代审美观念和消费取向相悖，大大降低了用户体验，直接影响了人们的参观需求。

不仅如此，当参观者结束了红色文化遗产地的参观之后，并未有可供选择的红色衍生产品，更没有形成用户黏性的措施，使得对于红色文化遗产的感知仅局限于参观的某一时刻，这在信息化时代很容易消解红色文化的影响力。在媒介融合时代，在多元价值主张碰撞的年代，在红色文化代际传承的现实需求下，如何以年轻一代愿意参与、乐意传播的方式供给红色文化产品，是上海红色文化遗产保护与利用协同发展的关键。

3. 城市发展定位忽略了红色文化的价值

世界上著名的大都市都有其鲜明的城市特质，而当谈到上海时，往往夸大了东方明珠、上海中心等高楼大厦对于上海的象征意义，却忽视了对上海红色文化基因和超越性精神境界的关注。红色文化遗产所蕴含的红色基因恰是上海城市传统中最鲜明的特色，是其区别于其他国际化城市、彰显个性特质的重要载体和支撑，而这正是目前上海城市发展定位最欠缺的一环。提到上海，在一些文艺作品中，大多是旧时的"十里洋场"和现代的写字楼爱情。事实上，把上海文化等同于都市文化、白领文化，难免遮蔽红色文化，某种程度上折射出文化领导权的问题。上海红色文化应是全面的、深入的、立体的，不能简单地把革命之初的红色文化等同于地下党文化，也不能简单地把当代上海文化等同于"小时代"文化，这些都有损上海丰满、厚重的城市形象。

上海虽然拥有大量的红色文化遗产，但各遗产点之间并未形成联动，未能发挥红色文化遗产的集群效应。以淮海路为例，这里聚集了中共一大会址、共青团中央旧址、孙中山故居、宋庆龄故居等重要的红色文化遗产资源，但目前各遗产点的协同效应并未显现，进而也使得淮海路的红色文化标识性较为欠缺。近年来，上海中共一大会址在全国的影响力逐渐式微，上海的红色文化资源逐渐被都市繁华掩盖。虽然上海拥有众多的红色文化遗产，但其影响力不能与此匹配，呈现出体量大与影响小的结构性矛盾。

4. 红色文化资源整合力度不够，传播能力需进一步增强

虽然从总体上看，上海红色文化资源点多量广，红色文化资源高地态势正在形成，但离全国一流品牌影响力还有距离，存在"有高原、缺高峰"的问题。由于行政隶属关系、产权性质不同等因素，本市红色文化旧址遗址之间的内在串联、红色文化主题场馆的协同联动较少，红色文化资源"菜单多、套餐少"，综合效应未充分发挥。比如在文旅结合方面，经典的红色旅游线路不多，缺少有知名度和影响力的旅游品牌。红色文化与旅游在融合数量上不太乐观，主要体现在大部分的红色革命遗址未被转化成旅游景点，文化旅游产品的转化率偏低，红色旅游发展不均衡，在整体旅游市场所占比例偏低等方面。

目前上海红色旅游发展主要是事业接待型，红色旅游的产业化经营力度还不够。有关部门在红色旅游发展过程中的积极参与，不可避免地导致了行政干预过强，市场运作低效。部分红色景点存在市场运营理念不足、运营机制不顺的问题，许多景点管理运行机制与市场结合不紧密，仍带有很多的事业接待色彩，未实现旅游市场主体的角色转换。

上海多种旅游资源整合力度也不够，各红色旅游景点分属各地区、系统管辖，由于景点各自为政，各个景区之间以及红色景区内部缺少联动发展，成碎片式开发。即便是红色旅游经典区，也缺乏资源的整合和联动，以及精心打造。红色景区资源较为单调，缺乏可参与的活动，吸引力不大。低层次开发较严重，忽

视红色旅游的本质属性及可持续发展，形成自发的点状发展态势。总体而言，上海红色文旅的各个方面的融合深度和广度都还有待提升，仅有少部分红色革命遗址转化为红色旅游产品，且旅游热度较低。"党的诞生地"这一核心红色文化品牌的价值被低估，上海距离打响该品牌还有一定的距离。

5. 红色遗址保护力度有待于进一步加大

在大规模城市基础设施建设中，如何处理好城市建设与红色遗址遗迹保护的关系，如何解决红色遗址遗迹的保护，一直存在着多头管理、各自为政的问题。上海在红色文化资源保护方面虽然采取了很多措施，但仍有近三分之一的红色文化旧址在城市更新中消失，不能不令人遗憾。一些革命纪念地因远离中心城市和交通要道，使得遗址处于自然留存状态，"物质形态"文物和承载着革命的非物质文化遗产的"红色文化"亟待抢修。此外，仍有部分红色文化旧址还未找到。比如，党的四届三中全会举行地、新四军在上海多处重要联络点还未具体确定，许多革命先辈赴法勤工俭学出发地还未最终确定，各民主党派在上海活动地还需更深入地发掘。

上海拥有大批红色史迹，然而由于岁月推移和城市建设，许多重要革命旧址已陆续消失。对红色遗址保护、利用的重要性认识不足，因城市建设和经济发展，人为侵占或拆毁红色遗址的情况偶有发生。部分红色遗址"改头换面"被淡忘，一些在党的历史上具有相当重要地位的红色遗址，在城市动迁和开发中没能得到有效保护、开发与利用。有的红色遗址比较破旧，有的仍为居民住宅，周边环境很差，超负荷使用、消防隐患等问题影响着这些历史建筑的安全和寿命。个别现存的遗址建筑原有的风格遭到了破坏，与周边环境显得不够协调。在大规模的城市建设、改造过程中被拆除的重要的红色遗址，没有留下任何标识，导致一些红色文化遗产信息永久消失。各遗址分别隶属不同的部门管理，缺乏统一规范的管理措施，保护、开发、利用的情况很不平衡，难以实现有效的优化整合等。这些红色遗址没得到应有的重视和运用，需要更加关注。

三、上海红色文化遗产保护利用协同发展的路径研究

1. 挖掘红色文化内涵，注重红色精神阐释

不同于长城、故宫等建筑本体具有很强的艺术性、科学性，红色文化遗产往

往在建筑本体上的特色并不突出，其重要的价值在于其意义的明确和内涵的丰富，如果这些内涵没有被充分地解读和阐释，是很难全部领会的。充分的内涵与价值阐释，正是红色文化遗产场所精神得以弘扬的前提，因此，深入挖掘历史、还原历史是非常重要的。

上海在红色文化遗产的保护与利用中，要深度挖掘红色遗产的文化内涵和遗产背后的故事，如，将回顾中共党团的诞生历史和感受改革开放、经济建设成果相结合，将缅怀革命先辈与品位江南文化、地方风情相结合。多举办红色主题展览和教育活动，围绕重要历史时间节点、人物纪念日，以宣传党的光荣历史与优良传统为切入点，组织全市革命类场馆举办红色主题展览活动。进一步加强文教结合，开展各类有特色的主题教育活动。

红色文化遗产的内涵、意义及事件指向性很强，因此，在遗产形态上，还涵盖了革命精神、革命故事、红色歌曲、红色文学等非物质文化遗产，这些构成了文艺作品创作的重要红色资源。在文化产业大力发展的时代背景下，创作并推出一系列思想性、艺术性和观赏性相统一的红色文艺精品，不仅可以丰富文化产品市场，更重要的是能使红色基因活起来、传下去。加强文艺创作，推出红色电视剧、纪录片、小说、戏曲等，以艺术呈现的方式激励和鼓舞广大群众。上海可供挖掘的红色文化遗产丰富多样，仅以百代小红楼为例，20世纪30年代，聂耳、冼星海、任光、吕骥等著名作曲家都曾在这里工作，戏曲表演艺术家梅兰芳、谭鑫培和影星周璇、阮玲玉都曾在此留声录片，大量抗日救亡歌曲如《毕业歌》《大路歌》等都是在这里诞生，以此为对象来进行红色题材影视剧拍摄、书籍出版等，以再现那段历史的辉煌，都可以创造很多红色文化产品。

在弘扬上海红色文化中，文艺创作应力避两种误区：一是认为文艺远离政治为好，对大事件淡漠，宣扬小情小调；二是认为主旋律题材很容易，喊喊口号即可，实则语言空洞，缺少典型的生活细节，缺乏创新的艺术构思，不仅原创力缺失，而且表演上蹩脚。应当看到，没有新鲜的审美发现，即便是重大题材，也可能搞成平庸之作。上海的城市发展提供了丰富的现代文化题材和资源，为各种文艺样式提供了多彩的创作空间，包括纪实文学、影视作品、舞台演出等形式都可大有作为，例如，在渔阳里筹备建党建团、上海工人三次武装起义等事迹，以往基本没有全面立体表现相关事件的作品，不得不说是一个遗憾。事实上，要打响"上海文化"品牌，加强红色文化的宣传推广，感不感动人是个硬道理。要有意识地对接青年人的文化需求，找准网络传播的突破点，充分利用社会力量和宣传力量形成立体推广合力，让更多的年轻人愿意了解乃至亲近上海的红色文化和历史。

此外，上海红色文化遗产的内涵阐释应该根据不同人群定制不同的内涵阐释方案，进行市场细分。比如：对于进行爱国主义教育活动的小学生的阐释和参加党支部活动的机关干部党员的阐释应该有所区别；针对党内人士、个别群体等少数人群应进行切合实际的红色精神阐释方案设计，进而使得每一位参观红色文化遗产的人都能体会到方向感和归属感，从而激发爱国主义情怀。进一步提高红色文化资源传播能力，充分发挥红色文化资源的影响力，需要讲好其背后的人物、故事和精神，以其触动参观者的心灵，在灵魂深处的对话中教育人、激励人。

2. 创新红色产品形态，强化在场实践体验

上海红色文化遗产资源应根据自身特点，结合时代特征，创新红色产品形态，丰富红色产品供给。要打破以往只在纪念馆、展览馆、烈士陵园、名人故居进行爱国主义教育的做法，创新红色产品的载体和形式，让红色产品能够真正走入寻常百姓的日常生活。当今社会是多媒体互通互联的时代，是文化产业大发展的时代，因此，上海红色文化遗产保护利用的产品形态要紧紧围绕互联网和文化产业来进行开发设计。创建线上博物馆，举办网络图片展，开展线上线下结合的红色寻访活动等，让红色活动在网上蓬勃发展。只有让红色文化遗产保护利用活起来，不断创新产品形态，丰富红色供给内涵，才能更好地传承红色基因，用红色精神激扬城市精神。

上海多处红色文化遗产地正在进行着红色精神深度阐释的尝试，阐释方式上应该注重在场实践体验的设置。如今是体验经济时代，虽然红色文化遗产并不是典型意义上的商品，但对于该类文化产品的消费，依然需要建立在充分的体验基础之上，注重红色旅游产品的"体验式"，增加其参与性、互动性，如运用视觉及听觉的多重体验模式还原战时场景，探索采用虚拟现实等技术，让游客亲身感受当年地下工作者的艰难。游客体验是游客活动中的重要感受，也是在红色旅游设计中的重要因素，在设计过程中要充分考虑。针对游客的体验过程进行细节处理，可以使红色旅游主题性更加鲜明，可通过环境氛围的营造和景观体验的设计等，使游客从空间、事件、内容上感受到红色旅游潜移默化的内涵，达到从身心

的感觉、文化的欣赏、社会的精神的体验，从而加深对红色旅游的印象。通过游览者的需求对上海红色旅游设计进行针对性的优化策略，从视觉、听觉、触觉等感官感受的体验结果进行改造设计，使整个旅游的游览路线设计满足多种感官的体验。在场实践体验的强化，可以大大提高人们的观感，这对于红色文化精神在公民个体层面的传承是大有裨益的。

目前，大多数红色文化遗产地提供的都是现场参观的文化服务，随着参观游览的结束，红色文化的体验也告一段落，很少有可以带回去的红色文化衍生产品。这一方面归因于红色文化遗产地基本是文化事业单位，商品意识不强，另一方面也归因于缺乏消费者喜闻乐见的红色衍生产品形态。互联网时代注重的是社区化生存，消费同一类产品的人往往更容易形成聚合与认同，这也是微博、微信等新型媒体的商业逻辑。在这一思路下，上海红色衍生产品的设计要打破以往"一点"对"多点"的单线程产品路径，要形成"多点"对"多点"的交互式产品模式。因此，可开发设计一种为青少年、党员干部、广大民众等不同社群量身定制的、具有身份识别功能的专属红色衍生产品。可以是有形的"会员卡"，也可是无形的"二维码"，通过"扫一扫"可以在任意时段、任意空间得到红色文化产品的一站式供给服务，更重要的是，通过这样的方式，将不同人群聚合，形成线上线下的红色社区，增加用户黏性，营造消费红色文化的社会氛围。

3. 加强红色文化统筹，抓好红色资源顶层设计

上海红色文化遗产保护与利用的协同发展是一项系统工程，除了上述从要素层面构建的发展路径外，更需要政府的顶层设计。用足用好红色文化资源，打响本市红色文化资源品牌，首要的是做好顶层设计工作。无论是从党员干部教育还是城市旅游发展角度看，本市红色文化资源保护利用都要定位于全国一流品牌。为此，要十分注重顶层设计。要加大全市统筹力度，在发挥各区积极性的同时，注重发挥市级部门在整体规划、政策制定、标准制订、工作培训、资源整合、旅游线路设计、工作统筹协调方面的重要作用。文化遗产具有公共物品属性，对其开发利用不可能完全交由市场，而红色文化遗产因其较强的政治性，更需要政府在更高层面的统筹协调，打破体制性的壁垒来促进红色文化遗产要素的结构性整合。

我国文化管理部门间的割裂导致的政出多门、多头管理的历史遗留问题，直

接导致了红色文化资源在市场体制下无法跨越部门壁垒来协同发展，从而整体生产效率受到了局限。目前，上海的红色文化遗产的保护与利用还处于每一个点单打独斗的状态，这就需要政府相关部门加强对红色文化资源的统筹规划和协调发展。依据不同类型的红色文化遗产提出不同发展对策，打破单体遗产的简单利用和重复开发的旧思路，需要对整个区域红色文化遗产资源和周边地区的资源进行资源整合，形成一个有系统有规划的集群，从而形式上海红色文化的合力，才能更好地对外传播。

在体制机制上，建立市级政府层面的红色文化遗产的保护与利用协同发展的统筹机构，协调各红色遗产点的优势特色，形成上海红色文化链。通过打造红色文化遗产资源链来进行要素整合，形成彼此关联、相互带动的红色文化遗产的保护与利用协同发展闭环，从而降低成本、提高效率，发挥集群效应。上海的红色文化遗产需要以中共早期在上海的革命斗争为主线，以彰显"开天辟地"的重要历史意义。中共一大、二大、四大会址在定位设计上应各有侧重地分工，从中国共产党的创建，到党的纲领及章程的确立，再到强化党对革命运动的领导，层层深入，层强化，从而使中共在上海"开天辟地"的历程淋漓尽致地得到展现。

上海是中国共产党的诞生地，是首个革命圣地，红色起点意味着更加重大的责任。上海的国际化程度使其在向外传播红色文化时相较于其他红色地区具有显著的地缘优势，在这一优势的引领下，上海更应做好红色文化国际化传播的排头兵。依托上海国际旅游节、国际艺术节等国际性的节庆活动，打造上海红色主题活动，搭建红色文化走出去的平台；借助上海自贸试验区的桥头堡阵地，加快上海红色文化扬帆出海的步伐，从而塑造更加鲜明的国家形象，提高中华文化的国际影响力，更好地守卫国家文化安全。上海作为中国共产党创立的所在地，同时又是面向国际的大都市，有责任也有能力全面整合红色文化遗产的保护与利用，促其协同发展，实现其对于公民、城市及国家的层层价值意义，使红色精神得以传递，红色基因得以传承，红色文化得以更好地传播。

4. 加大跨区域联动，推进文旅商融合发展

红色旅游能够将历史、文化和资源优势转化为经济优势，培育特色产业，促进生态环境保护，带动商贸服务发展。政府要加大对红色旅游的支持与发展，通过对上海红色旅游的发展地位、现状、竞争条件分析，提出上海都市型红色旅游

发展的目标及对策思路。要优化旅游发展战略布局，明确红色旅游区发展重点，将红色旅游线路、红色旅游景点及周边地区的文化、自然景观纳入旅游总体宣传框架推介。串联区内红色旅游景点，推出红色之旅经典线路，精选线路，引导游者在观光中了解革命历史、学习革命精神、传承红色基因。在市域层面，加强上海红色旅游资源与其他市区的联动发展，同时注重打造上海红色旅游的"都市特色"，研究透彻上海作为"红色之源"，进行特色建设，深入研究如何激活宝贵的红色文化资源，使可产业化的部分产业化，从而打造上海特有的"海派文化之旅"旅游产品。

应加强市域内资源整合和品牌打造，在上海不同区际，根据资源特色及与周边环境的契合度，进行资源内部竞合。上海红色旅游设计应从上海本地历史的红色资源出发，将红色历史文化与现代景观相融合，将两者之间的关系和功能进行布局和处理，同时结合周围的环境或周围场地的功能，将红色旅游设计为具有体验感的综合性旅游景观。可以将红色旅游资源与上海都市文化相结合、与绿色生态旅游相结合、与历史文化风貌保护区相结合、与主题游乐休闲体验区相结合等，进而为整个上海市的红色旅游景点进行不同种类和主题的游览路线设计。串珠成链，建设一批红色基地，打造包含革命传统体验、红色精神传承、绿色休闲观光等功能的红色景区，如整合旅游资源连片开发打造红色村庄、红色小镇等。

在上海市外跨区域联动，也要进行资源外部竞合，区内和区外的红色旅游资源可以根据一个人物、一个事件或一个故事，串联起来，形成一个区内互惠合作、区外联合竞争、内外共同发展的开放式红色旅游共生系统。要把红色血脉与城市文脉结合起来，全面推进各个艺术门类文艺精品的创作生产。加强区域联动，深化与历史相似、地缘相近的周边城市的合作，实现资源共享，客源互通。充分用好长三角红色文化旅游区域联盟等合作机制，通过资源整合，进行跨区域的联动发展，增强地区的红色旅游影响力，打造在全国具有影响力的红色品牌。

开发红色旅游精品线路。以全域旅游示范区为抓手，将红色旅游景区资源整合、产品开发、线路设计融入全域旅游示范区建设中，支持本地旅行社将相关线路纳入一日游产品设计之中，鼓励文创企业对接红色旅游资源，开发弘扬红色文化、体现红色基因的旅游纪念品。充分发挥中国红色旅游推广联盟作用，与长三角和红色旅游资源聚集的重点省市开展全方位合作，丰富红色旅游产品和线路，形成红色旅游集聚发展态势。

要加强推动产业融合创新。依托红色基地，因地制宜推动红色旅游与生态休闲、体育康养、乡村风光等多种业态融合发展，打造包含革命传统体验、红色精神传承、绿色休闲观光等功能的红色景区，让红色革命遗址资源助推乡村振兴。促进红色革命史迹与创意产业等融合发展，通过举办红色文创产品比赛或者征集活动，动员高校、企业、社会团体力量深入挖掘红色景点的历史文化、人物故事，激活创作灵感，创作纪念品、吉祥物、红色剧目等特色文创产品，形成一批具有示范性、带动性和影响力的融合型红色文化产品和服务品牌。

5. 大力推进上海红色文化遗产的保护和再利用

上海的红色文化遗产内容涉及政治、国际、军事、工运、统战、文化、情报、组织机构、名人故居等，极为丰富。现存的大量红色历史遗址、红色纪念地中，也不少已建成博物馆、纪念馆，有些还需要继续研究和保护，精心呵护。红色景区的建设和发展，一定要保持红色革命历史文化遗产及其历史环境风貌的真实性和完整性，力戒奢华，避免大拆大建和重复建设。

红色遗址遗迹的保护和开发涉及多个区域、多个部门，要与有关部门充分合作。加强中国共产党早期在沪活动纪念地及伟人纪念设施保护力度，整合上海"红色起点"文化资源。挖掘城市红色元素，将上海所有几百处红色史迹串联成线，打造红色旅游服务生活线，并编印导览图，向市民推广。可以在革命遗址原地设立纪念标志，在上面还原旧址轮廓并配以文字说明。当下根据城市发展变化的实际，设立纪念标志可以采取灵活方式，比如：原地已改建楼宇的，应全部在建筑墙面上钉挂特制铭牌；原地已改建商业街的，应竖立纪念柱，像南京路步行街竖立"五卅"纪念柱成为现今一种人文景观那样；原地已改建绿地的，可以勒石纪念，在革命遗址上刻石，以显示原旧址轮廓；原地改建成单位的，应在合适位置展示小型建筑模型以志纪念。

要进一步提高红色文化资源保护能力，进一步增强红色文化资源保护意识。必须抓紧对上海所有已消失的红色史迹资料进行抢救性搜集和发掘，形成完整、详尽的档案。对上海所有纳入保护范围的红色史迹进行分类梳理，统一规划，分别保护，集中展示，明确保护要求和保护范围，并对合理利用方式提出可行性意见。上海红色文化遗产资源虽然数量不少，但大都具有唯一性，一旦毁坏其损失将难以弥补。要采取更严格的保护措施，规范保护程序，加强社会监督，防止红色文化遗产资源遭到破坏和不当拆除。对于因重要客观原因而无法保存的红色文化遗产资源，要严格论证并进行公示，接受社会监督。对于保护级别较高或保护价值较大但仍为民居的红色文化遗产资源，要有计划地通过置换或协议安置方式，逐步腾空并向社会开放。要加强红色文化遗产资源修缮工作，提高专业化修缮水平，坚持修旧如旧，防止保护性破坏。

通过对上海红色遗址遗迹保护和再利用进行研究，做好上海市红色史迹的保护规划。要开展全市革命文物普查，推进全市红色文物资源信息开放共享，推动全市红色类博物馆、纪念馆数字化建设。要加大对有历史记载但尚未确定的红色文化旧址的研究和查找工作，比如加大对党的四届三中全会会址、新四军在上海重要联络点等旧址的研究和查找力度。对上海所有纳入保护范围的红色史迹进行分类梳理，修缮一批具有安全隐患的红色史迹，提升一批具有较高文物价值红色史迹的保护等级，腾迁一批目前居民居住且价值较高的红色史迹，辟为纪念馆供市民参观。

6. 拓宽红色文化品牌营销，挖掘红色遗址教育潜力

上海红色文化品牌的提升离不开传统电视、报纸、海报、广告牌等基础宣传，新媒体时代下也需要利用新兴媒介做好推广。要加强主题营销，建设开放型红色生态博物馆，并与建党、建军、新中国成立等重大事件相联系，营造特定时期的主题氛围；要推进创意营销，与微博、微信等平台的合作，或拍摄相关题材的微电影，将上海红色文化以创新性的形式展示出来，吸引人们的注意力；此外，还要开展体验营销，随着红色圣地巡游等基于影视作品诞生的新型旅游方式，开展《战上海》《伪装者》《永不消逝的电波》等著名红色革命影视剧拍摄场地的红色旅游，增加游客的红色文化体验感知和质量。

要强化红色文化品牌管理，完善红色文化品牌建设。品牌管理主要从线上和线下两方面展开。线上的品牌管理可与携程、去哪儿、驴妈妈等在线旅游平台合作，完善上海红色文化和红色旅游的官网、官微、官博，可利用百度指数、网络文本等大数据动态了解红色文化和红色旅游的发展情况。加强红色旅游宣传推广，充分利用主流媒体和微博、微信，微电影，抖音等网络新媒体，依托地铁、机场、车站、码头和窗口行业，大型城市综合题等公共空间，持续放大党的诞生地的社会效应。线下的品牌管理则主要是优化红色景点的基础设施，创新红色文

化的展现形式，提升游客全程满意度。提升上海红色文化品牌还应重视品牌精神的升华，关注品牌受众的品牌价值和精神感知，强化品牌认同，实现上海市民与游客对上海红色文旅品牌价值从认知、认可、认同到共鸣的转变。要围绕上海提出的"党的诞生地"红色文化品牌定位，选取具有代表性的人物、事件和遗址展开红色文化的研究工作。围绕鲁迅、宋庆龄、毛泽东、周恩来等著名人物及其生平、故居等创新性地开发文旅产品，如设计红色名人旅游线路、卡通化的红色名人文具用品、红色名人系列游戏等，多方面多途径深入人们的日常生活之中。

现在，如何深入挖掘红色遗址遗迹的教育功能，使这些红色基因融入城市血脉，代代相传，成为摆在我们面前的重要任务。要充分挖掘革命遗址的教育潜力，打造红色教育基地、培训基地，打造研学旅行基地。充分整合利用本地区具有重要历史意义的、相对比较集中的红色革命史迹，打造建设一批红色主题公园、红色村庄、红色小镇。依托基础设施较好、文化史迹丰富的遗址，开办新时代红色文化讲堂，打造党员群众"家门口的红色学堂"、青少年开展爱国主义教育的实践基地推动红色基因传承工程，积极发挥红色革命史迹社会教育功能。依托青少年学生红色研学之旅活动，将上海红色旅游景区纳入研学旅游景观名录，将教育、文旅合二为一，催生全新研学教育模式。打造基础条件较好、交通便利、有丰富的革命历史文化的革命遗址为青少年红色研学基地。设计红色街区系列寻访线路，从一个阵地"点"到一条行走"线"，从一个红色故事到一段特定主题红色历史，从单体运作到联盟联动，不仅可以实现场馆物理空间上串联延伸，更可以提升红色故事整合升级后的教育实效，对红色历史的有机整合。通过深入挖掘红色阵地所发生的历史故事，按时间、内容连点成线，形成有"灵魂"的主题线路。

红色文化遗产因其明显的意义指向性，对其在精神文化的引领要求更高，简单的陈列与讲解并不能激发人们的情感，形成用户黏性。需要创新体制机制，激活上海红色文化遗产资源，升级现有红色文化遗产的保护利用方式，通过构建多元化的红色文化供给体系，提供丰富优良的适应现代传播方式的红色文化产品和服务，促进红色文化遗产保存与利用从同质化到精品化的飞跃，引领不同层级对于红色文化遗产的需求，从而在根本上促进上海红色文化遗产保存与利用的协同发展。

第四章

留住上海的"乡愁"
——石库门建筑的保护再利用

石库门是上海居住建筑发展的主要代表，密布在上海城市的各个区域，组成了上海独特的城市肌理，是凸显上海地方特色风貌的物质载体，是城市文化具有生命力的组成部分。中西合璧、兼容并蓄作为石库门最典型的文化特征，正是上海近代发展史中最重要的文化符号。

石库门作为上海城市发展中凝聚历史的建筑，近年来为了城市的快速发展在"拆、留、改、建"的矛盾中苦苦挣扎，各种复杂矛盾日益凸显，石库门的保护与更新面临重重困难。如今，石库门里弄七十二家房客的混乱现状，阻碍了城市的前进的步伐；年久失修、落后的住宅功能，也无法满足人们对于居住场所的要求。石库门在城市建设的滚滚浪潮中逐渐消逝，城市的记忆也随之而去，因此石库门留给人们的文化资源更为弥足珍贵，在城市发展与建筑保护这两个矛盾中如何平衡公共利益取向显得尤为重要。如何保护并发扬上海本土历史文化、切实维护石库门居民的切身利益，已经成为一个不能回避、刻不容缓的问题。

一、石库门的历史

石库门是最具上海特色的居民住宅。这些里弄建筑的出现和一个世纪前上海的殖民地历史背景有着深切的关联。从 1845 年起，英、美、法、日相继在上海划定自己的势力范围，先后建立了英租界、公共租界和法租界，而老城厢一带则为华界。初期，这些界地各自为政，互不干扰。（图 4-1）

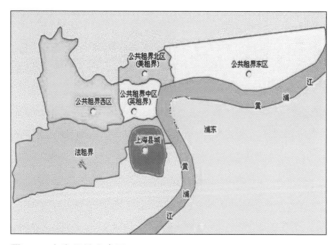

图 4-1　上海租界分布图

但受到 1853 年上海小刀会起义和 1863 年太平天国运动的影响，人们纷纷迁居租界，致使租界的人口急剧增加，住房问题日益突出。房地产商见有利可图，乘机大肆建造低价位的住宅。为了牟取更大的暴利，设计师将欧洲的联立式住宅和中国传统的三合院和四合院相结合，创造出这种中西合璧的新建筑样式的里弄住宅。每一幢房子都有一扇以石料箍着的黑漆木质大门，这种用石条围束门的建筑被叫作"石箍门"。在上海方言中"箍"和"库"发音近似，久而久之，这种建筑就被称为"石库门"。

1. 19 世纪 70 年代初的石库门

这个时期的石库门称为老式石库门，有早后期之区别。早期老式石库门兴建于 1869 到 1910 年间，脱胎于江南民居的住宅形式，空间布局一般为 3 到 5 开间，保持了中国传统建筑以中轴线左右对称布局的特点，共两层，房屋前后围墙高度基本一致，形成一个几乎与外界隔离的包围圈。门头多模仿江南民居的仪门样式，挑檐下砖雕极其精致，多用花鸟图案，门框条石采用花岗岩和宁波红石，门楣、门框间往往饰有四字横批，或为吉祥用语或为宅第名号，黑漆大门用原木制成，厚实安全，石过梁两旁有刻花石雀替，中式的格栅、支撑窗、雕花漏窗、美人靠栏杆等也普遍使用。早期老式石库门代表性建筑的有兴仁里、福和里（图 4-2）。

后期老式石库门兴盛于 1910 年到 1919 年间，单元平面由原先的三开间二厢房改为单开间或双开间一厢房，后天井面积减小，采光状况改善，弄堂增宽。在栏杆、门窗、扶梯、柱头等局部采取了西洋式装饰；石库门的门楣添加了修饰，先后采用了半圆形、三角形和

图 4-2 福和里

图 4-3　斯文里

长方形的门头。后期老式石库门代表性的有东西斯文里（图 4-3）、树德北里及大庆里等。

　　老式石库门住宅，一进门是一个横长的天井，两侧是左右厢房，正对面是长窗落地的客堂间。客堂宽约 4 米，深约 6 米，为会客、宴请之处。客堂两侧为次间，后面有通往二层楼的木扶梯，再往后是后天井，其进深仅及前天井的一半，有水井一口。后天井后面为单层斜坡的附屋，一般作厨房、杂屋和储藏室。整座住宅前后各有出入口，前立面由天井围墙、厢房山墙组成，正中即为"石库门"，以石料作门框，配以黑漆厚木门扇；后围墙与前围墙大致同高，形成一圈近乎封闭的外立面。所以，石库门虽处闹市，却仍有一点高墙深院、闹中取静的好处，颇受当时居住租界的华人士绅、富商的欢迎。

2. 20 世纪 10 年代的石库门

　　这个时期，老式石库门逐渐被新式石库门取代。新式石库门建于 1919—1930 年代，由两层增加到了三层，大多采用单开间或双开间，双开间石库门仅仅保留一侧的前后厢房，单开间则完全取消了厢房。新式石库门最大的变化，是后面的附屋改坡顶为平顶，上面搭建一间小卧室，人们叫它亭子间。亭子间屋顶采用钢筋混凝土平板，周围砌以栏杆墙，作晒台之用。新式石库门还缩小了居室的进

深，降低了楼层和围墙的高度。（图4-4）

与老式石库门相比，新式石库门在外观上亦有所不同。新式石库门外墙面多用清水青砖、红砖或青红砖混用，石灰勾缝，而不是像老式石库门那样用白色石灰粉刷；老式石库门常用的马头墙或观音兜式的山墙也已不再使用。另一个重要的区别是，新式石库门不再用石料做门框，而改用清水砖砌，门楣的装饰也变得更为繁复。早期的石库门门楣常模仿江南传统建筑中的仪门，做

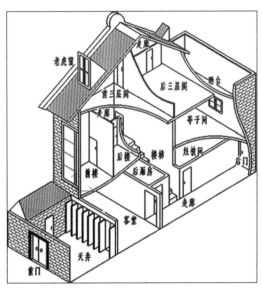

图 4-4 石库门示意图

成中国传统砖雕青瓦压顶门头式样，而新式石库门受西方建筑风格的影响，常用三角形、半圆形、弧形或长方形的花饰，类似西方建筑门窗上部的山花楣饰，这些花饰形式多样，风格各异，是石库门建筑中最有特色的部分。有些新式石库门住宅建筑还在条石边框柱上直接采用西方古典柱式，多用爱奥尼柱式，只不过比例、型制不求精确而显随意，此外，砖砌发券、牛腿、柱头、栏杆、柱式、门窗装饰、扶梯均采用西洋风格的细部装饰手法。除山墙和山花装饰外，比较有代表性的装饰部件就是出现在弄堂口过街楼的立面装饰，因其出现在弄堂口，常用作弄堂立面装饰重点：通道顶面多用拱券造型，以各种西洋花饰和线脚来装饰，也有方形直角造型，两侧古典柱式或希腊式或罗马式，拱券立面上镶砌长方形匾额，匾额通常是里弄名称，多为书家名作，匾额下还有线脚装饰表示建筑年份的小匾。过街楼山墙装饰一律以西方古典风格的建筑元素装饰，如三角形、拱形、巴洛克断山花、水平式山墙。总之，新式石库门在建筑风格上是更加西方化了。

新式石库门代表性建筑有1924年建造的淮海中路尚贤坊（图4-5）、1925年建造的建国西路岳阳路建业里，1928年建造的延安中路四明村，1930年建造的浙江中路厦门路新德里等。20世纪20年代，石库门建筑相当普及，约有三分之二的上海城市居民居住其中。

图 4-5　尚贤坊

图 4-6　凡尔登花园

从 20 年代中期开始，上海出现了新式里弄住宅，考虑到小汽车的通行和回车，有了总弄和支弄的明显区别，天井没有了，用矮墙或绿化做隔断，外观基本上细化了。更为突出的是水电煤、卫生设备已较为齐全，有些新式里弄住宅还有煤气和热水汀等设备，生活的舒适度不言而喻，在这一片街区中，有复兴坊、花园坊等众多的新式里弄住宅，而建于 1925 年的凡尔登花园（长乐村）（图 4-6）和 1927 年的霞飞坊（淮海坊）就是其中的佼佼者。

3. 20 世纪 30 年代后的石库门

20 世纪 30 年代前后，更为舒适更为精致的新式里弄和花园洋房大规模建设，石库门渐渐淘汰，变成社会下层百姓的聚居区，出现了一栋石库门中住着几十家人家的现象。新式里弄住宅和花园里弄建筑形式多为混合结构，外观已完全是欧式风格，或为西班牙式平顶，或为法式孟莎顶，或为现代平屋顶，正面设有大玻璃阳台，房屋通风采光条件更为良好；外形别致整齐，有草坪，一些高级的洋房还建有网球场、游泳池。每一户前都有庭院绿化，建筑标准更接近花园洋房，陕南邨就是代表之一。陕南邨（原皇家花园）于 1930 年由法国天主教会建造，由蝶式点状型四层住宅组成一个建筑群。（图 4-7）

30—40 年代出现了公寓式里弄，总体布局呈里弄分布，一幢内有若干套完整的单元，每单元一户。幢与幢间设弄口大门，弄内绿树成荫。建筑组合以半独立式的为多，也有独立式或联列式。建筑有西班牙式、法国式和日本式等，外墙用清水墙或拉毛、压毛水泥饰

图 4-7 陕南邨

面，大多为两坡顶。建筑造型大多采用现代风格，少量建造较早的带有欧洲古典主义装饰特征。公寓为上海引进了一种大众化的西方城市文明，体现了一种物质与精神的融合，是上海近代城市形象的重要部分。

到 1949 年 5 月，上海仍有 9214 条里弄，约有 40% 的上海人在石库门中生活作息。1990 年前后，上海开始大规模拆迁石库门。现在，城市中大部分石库门建筑已经被拆除，只有中心城区，还保留了一些石库门。

二、上海石库门保护现状及存在问题

1. 石库门分布与规模

目前，上海石库门绝大部分分布在本市内环线以内，尤其是靠近黄浦江与苏州河沿线，多数与二级以下旧里所在区域相邻或相混合。石库门分布较为集中的区域有黄浦、静安、虹口、闸北、杨浦、徐汇等，各区的规模和分布不尽相同。黄浦总量最多，约占全市总量的三分之一；其次是虹口，占地面积 40 多万平方米；再次是静安等区。闸北、杨浦、普陀等区石库门建筑大多为质量较差、设施不全、环境较脏乱的二级旧里房屋，其中大部分列为旧区改造的对象。

巅峰时期，上海曾有石库门里弄 9000 处，占市区住宅总面积 6 成以上，但目前石库门建筑约有 70% 以上已在旧城改造中拆除。根据统计，上海现存较为完整的石库门风貌街坊只有 260 个，石库门里弄 1900 余处，居住建筑单元 50000幢，其中 60% 为旧城改造范围内的旧式里弄，有约 150 处里弄住宅需要重点保护。

2. 石库门现状与存在问题

上海石库门的现状分两种情况：一种为已划入上海 12 个历史风貌保护区的里弄及历史优秀建筑，得到了不同程度的修缮和保护，如步高里、渔阳里等；第二种也是绝大多数石库门的现状，既不属于风貌保护区又不是历史优秀建筑，没有有效的政策和法规的约束，属于自身自灭或等待动迁的状态。这些石库门的居住生活十分拥挤，街区日益衰败、破旧，建筑负荷依然巨大，消防、防汛、结构安全压力及社会诉求逐年递增。石库门街区中存在的混乱、高密度人口的问题使得它被迫成为城市发展的牺牲品,不少尚有历史遗存价值的里弄街区被纳入政府棚户区改造的范围。从上海石库门近几年的面积统计数据变化可以看出,随着上海旧城改造的加快,石库门正在悄然被拆迁,其中未纳入历史建筑或历史街区范围的旧式里弄情况最为严重。石库门的保护与更新成为一个刻不容缓的城市问题,对石库门的保护可以说是一场与时间赛跑的比赛。

石库门里弄的保护与未来的发展是一个复杂的综合系统。它所牵涉的问题不仅关乎社会效益、经济效益、文化效益等多方面的平衡和完善,还关系到政府部门、房地产开发商和普通居民的利益分配,影响它的因素繁多且复杂,相互制约。经过调研,上海石库门存在以下几点问题:

(1)石库门居住人口过度,组成复杂

石库门里弄集聚而居的特点从民国时期延续至今,单座石库门建筑里要挤下几户家庭,杂物几乎堆满了房子,几家人合用一个厨房或者一个水龙头……(图4-8)从保护的角度看,相对居住面积人口集聚度高是主要矛盾,即房屋长期处于严重不合理使用状态,多户拆套使用,平均3—4户合用一套,亭子间、车库等辅房也按户使用,合用厨卫,户均建筑面积仅30平方米。单座石库门不大的使用面积几乎要被几户家庭占据殆尽,房屋使用处于超负荷、不便利、不舒适状态。内部空间分割、小区插建也不尽合理。

此外,上海经济高速发展的同时带来巨大的外来人口流,石库门

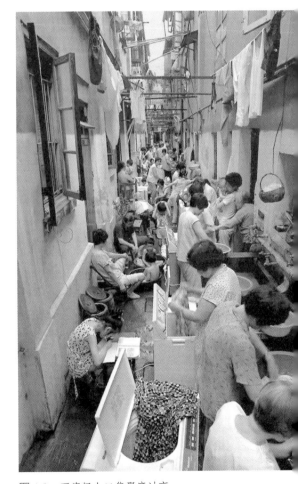

图4-8 石库门人口集聚度过高

低廉的租金成为他们落脚上海的首选，因此石库门中人员的组成结构也较复杂，一般是年长的老上海人及大量的外来人口。由于生活习性、个人素质等多方面的原因，石库门内呈现出较为混乱的状况，生活环境很差。高密度、破坏性使用，加剧了对石库门的损害；无限制的多手转租交易使石库门不堪重负，也进一步抬高了居住密度。五方杂处的居民结构对原有街坊邻里关系造成了破坏，邻里交往行为受到抑制，人际关系进一步淡漠，邻里环境缺乏经营，又进一步影响人居环境质量，石库门社区的发展进入"脏、乱、差"的无序的恶性循环。

（2）石库门房屋老化严重，存在安全隐患

由于人为的过度使用及日常维护的缺失，不少石库门房屋老化严重、破败不堪。被纳入老旧社区整治项目的里弄街区尚有部分重新涂装和整修，部分无人问津的石库门的外立面上存在砖墙风化脱落、外墙缺角或被刷上外漆等情况；有的石库门门框上的铁艺装饰早已不见踪影；房间内部，部分木构件结构松动，早已虫蛀或者朽烂，客堂间落地木门及二层的护栏也已经腐烂，有的干脆被换成铝合金等五金件；室内墙面上积满黑漆漆的污垢；木楼梯经常年使用结构已经松动……由于相应的建筑质量管理和修缮资金的缺失，石库门的日常维护往往被房屋所有人或产权单位忽视，问题的日积月累最终导致大量石库门损毁严重、不堪重负。

图 4-9　如厕难

随着生活方式的改变，现代化家庭设施设备的普及和升级，石库门的居住适应性和现代性有越来越弱的趋势，尤其在日照、采光、通风、交通、停车、私密性等方面，越来越不能满足老百姓对现代生活方式的要求。由于石库门建造年代早，建筑标准低，又加之高密度的居住人口，导致生活设施严重短缺。这方面最突出的问题是"如厕难"，人们只能通过自家马桶来解决自己的"方便"问题。（图4-9）虽然政府在部分里弄里建起了公共卫生间，但对于一栋石库门容纳几户家庭的里弄街区，这就如杯水车薪，而且到夏季，疏于管理的公共卫生间更是成为居民要面临的新问题。碍于室内空间局促，为增加居住面积，很多居民在自家建筑上加盖房间或在建筑旁搭起一些棚户，容易造成坍塌或火灾，也破坏了弄堂的整体风貌。晾衣晒被空间的缺失，使得人们在巷弄上空支起密密麻麻的晾衣竿，有的就直接挂在带电电线上。室内电线老化，线路混乱容易引起火灾等。高密度、破坏性使用，加剧了对石库门的损害。

（3）石库门保护经济成本偏高，保护资金极其匮乏

石库门因老化损坏，"危、积、漏"问题很普遍，迫切需要修缮，甚至已经到了刻不容缓的地步。但是，上海至今还没有建立保护专项基金，也很少得到财政部门给予的税收优惠政策。另外，石库门居民动迁期望值较高，迫切希望改善困难的居住状况，想借机改善生活。少数动迁户一味地"吃定"开发商，变成"钉子户"，企图获得"超市场化"的大幅升值收益，要价过高使拆迁费用远远超出预算标准。由于房地产市场高速发展和房价连年高企，以及历史导致的住房保障欠账，不管是"数砖头"（按面积计）还是"数人头"（按人口计），也不管是拆迁、征收、置换还是解除租赁关系，其成本都越来越高。如溧阳路上的48栋石库门小洋房涉及三个街坊，其预算征收成本高达100亿元；郭沫若故居的测算数据高达9000多万元；即使是普通的石库门房子，如14平方米和11平方米的两间房，就得分给住户四套动迁房外加80万元现金。如此高昂的资金耗费，不仅政府有心无力，社会资本也退避三舍。

即便居民全部转移，还需要对留下来的石库门进行精心修缮，不仅包括室内、室外，还要进行市政配套，有的甚至要对建筑本体进行加固等技术处理，以适应现代生活需要，其投入将是巨大的，甚至要投入比新建项目多得多的成本。而石库门建筑群经济价值的潜力，因功能不同、更新程度不同而不同，但总体而言，随着形势的变化，石库门投资风险大，时间跨度大，资金平衡难，也存在明显的不确定性。

（4）石库门房屋产权混乱，管理困难

上海解放以后，公私合营政策导致房屋所有权变化。由房产局和房屋机构接手管理石库门后，政府以很低的租价把房屋租给无房户，租金标准不断下降而房屋维修费用不断增加。为了维持租金总量，原来独门独户的石库门不得不住进多户人家，形成一个单元里多户合用的状况。实行福利分房后，有的石库门也已经数易其主，产权重新整合的工作难度也很大，也就导致许多石库门住宅管理混乱或者处于根本无人管的状态，更不必说对它的保护了。公房所有权虽属国家所有，但因住户在福利分房制度下取得房屋使用权，享有永租使用、转租收益、房屋交换等权利，某种程度上可视为"准产权人"。由于政府租金标准较低（因不成套难以提租，不能出售），现已难维持一般日常养护支出，长此以往，双方权益与修缮责任不对等的矛盾会进一步加剧，政府可能陷入较大的被动。此外，由于大规模拆迁和土地批租带来巨大经济利益，很多产权所有单位或私人业主都在等待房屋拆迁以获得安置费或土地转让金，对石库门里弄的更新改造丧失积极性，石库门里弄处于自生自灭的状态。

（5）石库门保护政策与法规缺位，社会力量介入保护工作不足

与发达国家相比，我国对历史建筑保护的立法力度和强度还不够，这是全国面临的共性问题之一。近年来，随着城市转型的加快，上海在努力推进法规制定、政策完善、机制创新的同时，也一直努力探索石库门等历史建筑保护与更新工作的实际举措。但由于各种原因，目前还没有单独就石库门建筑群保护与更新的立法采取行动。中国目前从法的层面来说，只有《文物保护法》，而文物保护和建筑保护有很大的区别；上海目前有《历史风貌区和优秀历史建筑保护条例》，但大量的石库门建筑并不在上海优秀历史建筑之列。石库门保护理念上的缺失造成法律上的缺失，最终造成事实上的缺失。

石库门建筑的相关保护政策目前也没有出台，现行的政策只适用于拆迁。石库门建筑的产权大部分归国家所有，个人无法进行修缮，政府也没有拿出资金进行维修。因此，通常是等到它破败成危房后就将其拆掉。同时，由于拆迁补偿政策的原因，拥有石库门房子的人，也希望通过拆迁后的补贴来改善居住条件。政策上的缺失，造成了很多石库门房子年久失修。作为量大面宽的石库门建筑群的保护与更新工作，需要全面、规范的政策引导，需要加强对支持政策的研究和落实。石库门的保护与更新不仅需要政府的高度重视，还需要一套完善的政策，能够吸引社会力量的参与，在税收、土地、经费等方面综合考虑，形成长效机制。

近年来，各级政府部门对石库门保护工作的关注和支持力度越来越大，投资也更多，但政府的资金和力量毕竟是有限的，而且每个区的财政实力不同，对石库门的保护投入有很大差距，还需发动民间力量共同参与。但是社会力量参与石

库门保护利用的示范案例还比较少，且主要是集中在商业或者文化产业方面。

三、上海石库门保护和再利用的探索

20 世纪 90 年代末至今，随着石库门保护性改造政策的提出，以保护性开发为前提的石库门改造形成了几种不同的模式：新天地模式——纯粹的商业开发；田子坊模式——保留原住民，引入文化创意产业；步高里模式——原生态的保护模式；建业里模式——商业住宅开发模式。下面通过对这四类比较典型的石库门保护和更新模式的论述，总结石库门保护的规律和实践过程暴露出来的问题与矛盾，从中开发出有积极意义的经验和可遵循的有效运作规则，为未来上海石库门的发展提供依据。

1. 新天地模式

上海新天地是太平桥改造项目的第一期计划。太平桥地区占地 52 公顷，有自然街坊 23 个，成排石库门 200 多幢，建筑总面积达到了 100 多万平方米。在该地区里，除了有各类单位 800 余家外，还有 7 万多居住人口。在历经近一个世纪的变迁后，整个地区的建筑质量严重下降，房屋设施陈旧，公建配套不足，几户或十几户人家共住一套房屋的现象屡见不鲜，房屋结构遭到破坏的比比皆是，有的甚至已经成为危房。（图 4-10）

1996 年，上海卢湾区政府与香港瑞安集团签署了《沪港合作改建上海市卢湾区太平桥地区意向书》。此举旨在通过引进外资，出让土地，实施旧城改造，打造一个崭新的太平桥。瑞安集团占有新天地项目的 97% 权益，上海复兴建设发展有限公司则占其余的 3%。随即，由瑞安

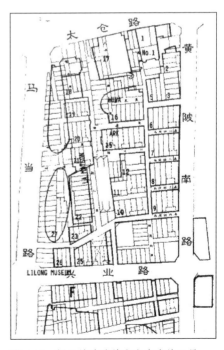

图 4-10　新天地改造前密密麻麻的旧屋

集团牵头，委托美国 SOM 公司承担该地区控制性详细规划的编制工作。经过多方的反复论证，1997 年，上海市规划局终于完成了对太平桥地区控制性详细规划的审核工作，由此，太平桥地区的改造，获得了指导操作的规划文本。太平桥地区规划中突出了"统一规划、成片改造"的指导思想，走出了以往就事论事、零星拆建式改造的误区，由沿街改造、街坊改造走向纵深的成片街道改造，体现了"整体规划"的旧城改造的新思路，并且以控制性详细规划的方式将其确定下来，这在当时是罕见的。

新天地开发借鉴了国外经验，采用保留建筑外皮、改造内部结构和功能、并引进新的生活内容，这一做法在上海甚至在全国尚属首创。如果把"新天地"视作一个单一的大型楼盘项目的话，就比较容易理解港人的思路了，即实施保留—改造—联动—拓展四部曲。通过保留石库门里弄的建筑外观和外部环境，有机地延续中共一大会址周边的历史文脉，保留历史街区的风貌。对原有居民进行外迁，首次改变了石库门历史街区原有的居住功能，创新地赋予其商业经营功能，改造成集国际水平的餐饮、购物、演艺等功能的时尚、休闲文化娱乐中心。

在改造过程中，开发商找到了当年由法国建筑师签名的原有设计图纸，按图修建，尽量整旧如旧。对保留建筑进行了必要的维护、修缮、结构加固措施，对重要的建筑，外墙尽可能予以保留（包括外墙的形态、色彩、材质、肌理）。在保留外观的同时，对内部设施（包括建筑结构体系）则进行全面更新，挖地数米，铺设下水、电、煤气管道、通信电缆、污水处理、消防系统……运用新的建筑材料，适应新的使用功能，营造新的商业气氛。在室内，充分结合石库门里弄建筑本身的特色，根据新的使用功能进行环境配置，突出中西合璧、传统和现代有机结合的特色。改造的时候，没有改变建筑的外观，而是将居住功能变为商业功能，把私人居住空间变为共享空间。这样做的成本很高。原来的外墙都用专用药水和护墙膏作了处理，每一栋建筑下面都挖了 3—9 米深的地下空间，作为消防水库。所有的管线都是重新梳理布置过的，这些就花了 6 亿元，还不包括动迁的费用。

太平桥地区的规划中，有一个打造占地 4 万多平方米人工湖的构思。这一设想在当时极为大胆，颇具震撼力，被诸多专家称为是太平桥地区规划中的点睛之笔。同时，也让专家们最为担心：中心人工湖的构思虽然大胆、新颖，但这一公共开放空间的建设成本巨大，况且没有直接的经济效益，如何实施？最后，由区政府积极向上海市政府寻求支持，请求市政府给予太平桥地区公共绿地享受中心城区大型公共绿地建设的有关政策，此方案获得了批准。通过这一政策，形成了市、区两级政府和香港瑞安集团三方投资绿地建设的局面，开创了政府与企业通力合作、推进旧城改造、实现环境改善、共享经济利益的新机制。

太平桥地区大型公共绿地占地 44054 平方米，涉及动迁居民 3800 多户，单位 156 家。在卢湾区政府的精心组织下，仅用 43 天就完成了动迁任务，创造了上海动迁史上的速度纪录。该项目总投资约 1.5 亿美元，于 1999 年初动工，新天地广场和太平桥公园是在 2001 年建成的，建成后成为太平桥地区的核心。

新天地项目在石库门的改造过程中，运用现代的建筑技术复原了建筑的外在，对建筑内部结构的改造则适应了现代社会的商业空间组织。从一定程度上来说，新天地的改造是商业模式下的适应性更新。这种模式因其与大众的密切联系，对石库门价值的推广和宣传效应巨大，大众能在休闲消费中感受城市历史的独特魅力，认识到石库门的存在价值，这对于唤起整个社会关注保护及再利用石库门的意识有着重要的意义。（图 4-11）

新天地模式无疑是一次成功的石库门再利用的商业开发，但从文化遗产保护

图 4-11　改造好的新天地

的角度来看，新天地存在的局限和缺陷也是显而易见的。新天地项目的改造开发过程中，开发商将几千户原住民家庭全部迁出，这一举措改变了原有街区长年形成的社会网络和邻里关系，从人文层面上割裂了原住民与祖辈土地的情感联系，城市肌理产生了部分激变。里弄街区从原来的城市传统住区转变成彻彻底底的商业旅游景点，改造也仅仅停留在保留石库门的外壳，内部的空间组合模式和功能性质已经完全颠覆，这使得新天地项目失去了里弄街区内生的人文价值和精神内涵。

新天地的改造利用违背了公平原则，其经营内容是将服务范围锁定于小资一族、外籍人士及中外游客，而绝大多数普通市民难以到此消费。单纯的商业场所目标明确的设定服务对象是良好的经营之道，但作为前身是上海时代缩影的石库门建筑改造项目，这就违背了历史遗产保护代内公平性的原则，成为市场经济利益最大化的产物，所保留的历史遗产使大多数人望而却步，仅供少数人享用，无法最大程度地体现蕴涵的价值，使保护的意义大打折扣。此外，新天地的改造主要为满足商业需求而抛弃了石库门里弄原有的使用功能，严重地损坏了石库门建筑所承载的历史信息。石库门的建筑文化内涵被篡改，游客在观光之余无法体验石库门里弄的原真性，人们可以在新天地里购物、娱乐，却无法看到石库门原来的历史面目。新天地只是成功的商业运作，而不是好的保护样本。

此外，最大的问题恐怕还是在中共一大会址附近。中共一大会址周围大片的石库门都被拆掉了，仅仅保存了临街的几幢建筑。这样一来，中共一大周边的历史环境不见了，我们很难想象以前这里是怎样一种场景。

当然，新天地在商业上是成功的，这也是石库门开发的一种途径。我们不可能要求所有的地方都是原生态保护，所以新天地模式还是一个成功的样板。

2. 田子坊模式

田子坊原名志成坊，始建于 1930 年，处于原法租界和华人居住区，是商业居住街区和工业区的过渡地带。在这个面积仅为 7 公顷的地块，集中了上海从乡村到租界，再到现代城市发展的各个时期各种类型的历史建筑，是上海保存历史文化遗存类型最丰富的街区之一。为了充分利用边角地坡，这里的房子只能大小不一，参差不齐。不过现在看来反而错落有致，曲径通幽。与单纯的居住型石库门不同，这里是典型的弄堂和工厂混杂的城市街坊。解放后，这里陆续办起了里

图 4-12　田子坊

弄工厂。据统计，上海人民针厂、上海食品机械厂、上海钟塑配件厂、上海新兴皮革厂、上海纸杯厂、上海华美无线电厂等都曾在这里生产经营，不少旧厂房、旧仓库保留至今。20 世纪 90 年代之后，因经营不善，很多工厂都倒闭了，"弄堂工厂"于是大面积闲置。（图 4-12）

很多艺术家偶然发现了这块地方，从 1998 年起，陈逸飞、尔冬强等艺术家陆续入驻田子坊。陈逸飞率先入驻田子坊创办工作室，一出手就拿下了好几个工厂，为田子坊品牌的形成构筑基础。之后，尔冬强等艺术家以及其他艺术人士相继入驻田子坊，纷纷创办工作室，为文化创意产业园区的形成创造了集聚效应。开了摄影工作室的尔东强，还顺便经营了一个小咖啡馆。以这两个人为首，以后陆陆续续地又进来了很多艺术机构，把这个破败的石库门工厂变成了一个相对集中的文化人汇聚的场所。后来黄永玉也发现了这里，田子坊的名字是黄永玉所起，田子方是中国古代最老的画家，黄老取其谐音，意寓此坊必将是艺术人才和成果荟萃之地。

作为上海泰康路艺术街的街标，从茶馆、特色餐厅、画廊、摄影工作室、手工艺品……所有的行当这里都有涉及。走进田子坊迷宫般的弄堂里，一家家特色小店和艺术作坊鳞次栉比的排列着。可能在某个角落你便会遇见某个知名艺术家的工作室或者艺术陈列室。

田子坊的演变是自下而上的模式，当时很多店铺的开业并不被政府所允许，而是偷偷进行。政府的拆迁通告都贴了，但在石库门的原住民中，有个叫周心良的人无意之中发现了"金矿"。他是新疆回沪的知青，每月400多元的退休金让他举步维艰。于是他将自家石库门客堂装修后出租，没想到很快被一位服装设计师看中，并以4000元高价租赁。周心良拿出1000元另租了楼上的房间居住，而那位设计师又提出愿意出1500元每月的薪水聘请周心良做他的店铺保安。如此一来，周心良把房子和自己都"利用"了起来。这一示范立刻引来了街坊的如法炮制，一时间，视觉、设计、工艺……各路创意经营者纷至沓来，以致"一门难求"。

相比于新天地的背后有很强大的发展商，田子坊的改造没有强大开发商，靠模式和情感博弈成功。而且按照原先规划，作为日月光项目的一部分，这片里弄是要被拆掉的。拆与不拆的两种方案在不断博弈，这并非只是为利益展开。田子坊虽然并没有很多优秀历史建筑，但其重要之处在于生活、社区，之前住在新天地的居民都搬走了，而田子坊的居民还在，邻里关系还在维系。田子坊和日月光商圈可谓相辅相成。

从2010年5月开始，由居委会出面对泰康路的671户居民进行了全覆盖的民意调查，选择出租、置换的居民占到总数的76.96%，因而对田子坊进行开发改造具有坚实的民意基础；同时尚有14.61%的居民选择继续居住，对于这部分居民只要引导得当，不但不会影响田子坊的发展，而且会为田子坊保留原汁原味的石库门生活形态，成为上海里弄风情的一块活化石。

田子坊是典型的里弄住宅与里弄工厂混杂的城市街坊，经原聚居地居民和进驻艺术家的更新改造，逐渐成为极具活力的创意产业集聚地。这是一种民间自发性的石库门街区更新模式，这种模式使得原本已经被政府卖出、面临被拆建的志成坊得以重生，通过一种民间自觉和市场经济的运作，完成了传统街区的华丽转身。田子坊的改造模式让很多专家感到惊喜，因为它没用国家一分钱，也没动迁一户人，却让老宅重焕青春。

田子坊的独特性在于具有历史遗产价值的石库门与具有活力的新兴文化创意

图4-13　田子坊楼上茶座里的游客与楼下弄堂里斗蟋蟀的居民

产业的联姻，这种以文化遗产和创意街区相结合的运作模式在物质空间的更新和精神内涵的拓展上取得了互补，获得一定程度上的成功。此外，与新天地将居民全部迁出石库门不再具备居住功能不同的是，田子坊的做法是尽可能地保留原住民，保护居住文化能够更完整地将石库门原真性展现出来，再利用文化创意产业获得的经济收益用于改善生活条件，使石库门形成历史遗产—人居文化—创意产业共存互利的良性循环的可持续发展中。（图4-13）

　　田子坊模式、新天地模式成为历史街区保护的两个样板，在上海之外被复制，前者如北京的南锣鼓巷、成都宽窄巷子，后者在天津、重庆、南京等地被开发商如法炮制。

　　然而，设计之初打"文化牌"的田子坊，如今却因过度商业化失去了老石库门的文化韵味，整个街区品质下降，隐患重重。随着田子坊人气的逐渐飙升，租金水涨创高，对于很多入驻田子坊的艺术家来说超出了承受的底线，使得他们无奈另觅出路。这就导致了田子坊人口流动的加快，进一步加剧邻里关系的疏离。在高租金的压力下，艺术创作活动逐步减少，具有更高付租能力的艺术商品展售和餐饮服务等明显增加。时至今日，田子坊里最大的产业不是创意，而是餐饮和购物，与当初的定位可谓是差之千里。过于密集的餐厅、咖吧对田子坊文化艺术的发展很有折损，艺术家、设计师的撤离动摇了文化创意产业的根本。

　　田子坊是 2005 年上海第一批挂牌的文化创意产业集聚区之一，不过现在走进田子坊，似乎"文化创意产业区"的感觉并不是那么突出。原本艺术家看中的条件都发生了变化，于是他们渐渐将此地作为展室或者卖场，而另寻创作场地。曾经进行过调查，在受访的 80 名游客，只有 5 人来欣赏画作，而在大众点评1578 个回馈中，只有 5% 的人认为这里是一个创意园区。田子坊从文化创意产业区逐渐成了城市休闲娱乐场所，文化创意产业优化了田子坊地区的文化形象，带来了商机，导致了资本的涌入，而对利润回报的追逐，则推动了田子坊产业结构的进一步转型。

　　此外，随着田子坊影响力不断扩大，每天来到田子坊的游客络绎不绝，餐厅、咖啡馆、酒吧等休闲类业态的入住，都不可避免地影响到了当地居民的正常生活和休息，打破了居民原本安逸、宁静的弄堂生活，产生的矛盾越来越多。商业空间希望尽可能延长使用时间，吸引更多的游客和人流，具有更高的开放度和公共性需要、更多的设施等等，这些行为势必会限制甚至损害到原有居住空间的使用。大量的商业及相关活动对于一部分居民生活的侵扰和侵占不可避免，商业使用中大量的设施对狭小的里弄空间产生巨大的压迫感，而对居民心理的压力则来自里弄生活的窘迫被窥视被曝光。即使在原住民中，也有分歧。一些住房难以商业化的居民呼吁"还我宁静生活"，坚决要求拆迁，甚至因为田子坊的存在妨碍了他们希望中的拆迁而迁怒于政府。经调研，居民对住在和商业、产业混合的街区中表示不满意和非常不满意的占 77%。走在狭窄的弄堂里，周围是各种不同主题的商铺，其间冷不丁会有人泼出一锅刷锅水。（图 4-14）

图 4-14　游客的吵闹引发田子坊居民不满

如何在文化创意产业发展与居住功能的延续中使其平衡发展，已成为田子坊发展亟待解决的难题。

3. 步高里模式

步高里是旧式石库门里弄住宅，位于瑞金社区的陕西南路与建国西路交界处，由法商设计，建于 1930 年，共有砖木结构三层楼房 79 幢。步高里最大的特点便是弄口中国式的牌楼，上面有中文"步高里"、法文"CITE BOURGOGNE"以及"1930"字样。它的法文名指的是法国的一个地区，中文翻译为"勃艮第之城"，是一个著名的葡萄酒产地。不知是哪位翻译高手取其谐音，译出了"步高里"这么一个绝妙的名字，正好贴合了中国传统的文化特色。（图 4-15）

图 4-15 步高里

图 4-16 电影《股疯》拍摄于步高里

步高里具有鲜明的中西合璧特征，其保存完整程度在沪上石库门中首屈一指。1989 年，步高里被上海市人民政府公布为上海市文物保护单位。整个里弄一共 11 幢房屋，建筑面积近万平方米，居住着 375 户居民。1932 年，年轻的巴金住进了步高里 52 号朋友家构思创作写下《海底梦》。

经常有剧组在弄堂里拍摄。1994 年上海电影制片厂与香港合拍的电影《股疯》（图 4-16），许多镜头就取景于步高里。影星潘虹饰演一个蜗居在石库门弄堂中的小人物——汽车售票员阿莉，渴望拥有更多住房空间的她，决心利用股市改变自己的平淡生活。阿莉和她的邻居们在弄堂里进进出出，牌坊上"步高里"三个大字也格外醒目，寓意人们经常挂在口头的"步步高升""平步青云"，也暗示着这里有一批青年居民借助经济状况的改变，走出了石库门弄堂，拥抱新生活。步高里的很多居民在无意中成了不少部电影的群众演员，他们的本色出演为影片增添了不少市井风情。上海的石库门建筑很多，然而只有步高里好像在香港的知名度特别高。

步高里模式的主要特点是不做商业开发，也不做功能更新，而是保留居住特性、改善居民居住条件的原生保护模式。步高里的整体结构整齐，没有曲径通幽的感觉，所以不适合作旅游开发。加上它规模不大，适宜原生态保护。

2007 年，政府共拨款 550 万元，市文管会破例资助 100 万元，促成了步高里历史性的首次大修。步高里对于来往的游人来说是文物，可是对于常住的居民却意味着生活。在尽可能保护石库门原始生活状态的前提下，增加现代生活设施以满足人们的居住需求，改善居民的生活质量，如清洗修复外墙面、增设卫生设施安装专利马桶，改善居住条件，最显著的成效是有了坐便器。像所有的旧式里弄一样，步高里曾经没有卫生设备，一些人家的老人上了年纪，拎不动马桶了，只好在家里安装电马桶，电马桶带来了新麻烦——噪声、落水管堵塞、污染，这些麻烦成了邻里纠纷的导火索。卢湾区房管局在尊重承租人权益的前提下，设计利用居住部分内 0.6 平方米的空间，安装一种专利小马桶。这个专利马桶的特点是：坐便器下是人造石底板，底板上有横竖凹凸，能防滑；后面的小孔直通排水管，防渗水；底板隔音，夜里方便时，楼下一点也听不见。底板承重也不错，以便保护木地板。排污管借用了废弃的烟囱通道，埋在墙内，看上去很整洁。就连地下的化粪池，也不会影响其他管道。这样的实事工程让作为文物和城市名片的步高里脱离了公用小便池和倒粪站，成为里弄生活的一大进步。（图 4-17）

图 4-17　步高里的居民用上了抽水马桶和淋浴器

步高里还改建公共厨房，安装了小水表、电表，理顺了各种线路，新装了厨房简易喷淋装置，等等。除此之外，最大的动作便是阁楼屋面的改造，使阁楼一下多出了约 6 平方米的面积、净高在 2 米以上的空间。同时，在石库门保护过程中利用现代的先进技术重现老建筑的原始风貌，老建筑的生命得到了有效的延续，保留了石库门的原真性。以人住居留、保持活态的步高里模式，不仅保护了居住空间，而且保护了石库门文化。

虽然步高里的原生态改造模式暂时规避了自然力和人力对传统街区的进一步破坏，也使居民在相对简陋的环境中过现代生活，但是不可否认，经过改造后的步高里的居住条件还是不如人意，与人们对于居住环境的诉求仍有差距。经调研，步高里居民对高密度混居、频繁被二房东出租很有看法，更令人对步高里改造的暂时性示范产生困惑。事实上，这些石库门老房子，原本是一栋一户人家，现在一栋住着七八户人家，需要七八只马桶、七八个灶披间，房子当然很难修好，反而还破坏了结构。20 世纪 60 年代，许多老百姓分到这里的房子，一间 11 平方米的亭子间就是几口人的家。现在仍是如此，一个门牌号里包括厨房在内总共 5 间房，然而上上下下加起来竟然居住着 4 户人家。甚至原来住一家人的房子里现在居然装有 24 只电表！其实，72 家房客并非我们希望营造的模式，而是社会发展过程中迫于无奈而自然产生的生活形态。如果可以对居民是否希望居住在现在的石库门里作一个民意调查，估计有九成的居民是希望离开的。

步高里的保护模式更接近于文物建筑的保护方式，即与对建筑原封不动的保存的方式类似，因此步高里模式的经验提醒我们，石库门作为近代的居住建筑仍是城市中一大部分人的居住空间，对于它的保护应该用动态的眼光去审视，注重建筑与城市共进，在保证建筑风貌不被破坏的基础上促进其生长，不能拔苗助长也不能听之任之。

4. 建业里模式

建业里地处上海最大的成片历史风貌保护区——衡山路—复兴路历史文化风貌区，位于建国西路以北、岳阳路以西，是上海现存最大的石库门里弄建筑群。20 世纪 30 年代，法商中国建业地产公司在此投资建造房屋，故称建业里，并分东、中、西三弄，东弄、中弄建造于 1930 年，西弄建造于 1938 年，前后共 22排连体石库门住宅建筑 260 套，占地面积约 1.79 万平方米，建筑总量约 2.33 万平方米，均为砖木结构的 2 层楼房。（图 4-18）建业里的特色是里弄式现代公寓住宅建筑，立面锯齿状造型，设转角窗，令每户均有朝南窗户，每单元均有较大花园。1994 年被列为市级建筑保护单位。

建业里于 2003 年被列为上海市保护整治试点项目。2006 年开始大规模改建，但 2010 年后整个工程却进入停摆。改造前，建业里内的居民总共 253 户 3000 多人，长期处于超负荷使用状态。因此，过去建业里虽然历经不同程度的修缮，但大部分建筑在 2006 年整体改建时已出现结构性损坏，甚至内部木结构部分开裂霉烂。居民整体搬迁后，东弄、中弄已出现严重破损，部分建筑只剩外墙。根据上述情况，建业里改建之时决定整体保留三分之一建筑，即完整保留西弄，而东、中弄因损毁严重，无法直接修复，被推倒重建。

公开资料显示，开工时，项目相关负责人表示了项目要修旧如故，还特意强调将保留 4 万块老砖，并对这些老砖的原先位置都进行编号，便于恢复。然而项目在即将完工时，却被市民爆料，原来的很多石库门特色设计都被改动，一些具有典型风格的门洞也被进行了现代化的改动。

按照规划，建业里改造后成为 51 栋五层石库门洋房、62 套酒店式公寓，以及超过 4000 平方米商铺的小型综合体。（图 4-19）为了体现豪宅的舒适度，开发商还建造地下车库等豪宅配套。石库门洋房定位为别墅型私家府邸，面积为 269

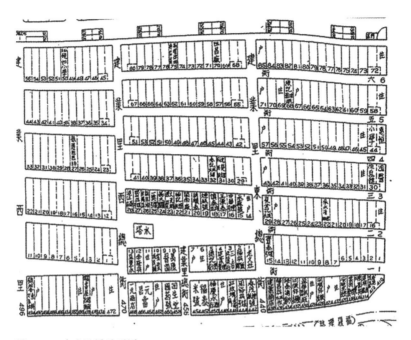

图 4-18 建业里原平面图

图 4-19 建业里改建后效果图

至 578 平方米。当年该项目每平方米售价约为 13 万元，按 400 平方米计算，每栋楼价超过 5000 万元。这些引起专家、市民的热议。对此，上海徐房（集团）有限公司接受记者采访时表示，建业里产权归属徐房集团，为 100% 国有资产，完全不存在出售一说，未来也不会作为私人用地使用。

最后，实际改建后的建业里以上海建业里嘉佩乐酒店（图 4-20）的形式向公众开放，成为上海唯一一处全别墅城市度假地及全新的酒店地标，由西弄 55 栋石库门别墅酒店、中弄 40 套石库门服务式公寓及约 4000 平方米的沿街商业组成，意在延续建业里最初"外铺内里"的布局。其中石库门别墅分为一房、两房、三房三种户型，面积在 111 至 251 平方米之间。马头山墙、清水红砖、半圆拱券门洞、天井、老虎窗等经典石库门元素均有所保留。最引人注目的是在中、西弄交界处，原本居民取水用的水塔被改建成了工业风格的眺望台，成为建业里的新地标。建业里地下建成了深达 2 层的地下空间，其中，西弄地下作为车库和酒店后勤准备空间，东弄、中弄地下 2 层为车库，部分长租公寓地下 1 层则为天井和起居室。

图 4-20　建业里变身酒店

建业里项目是海外基金介入上海历史文化风貌保护区项目的首例。在实际改造中，原本以保护修缮为主的改造转变成大拆大建，原有的里弄建筑被全部推倒重建，这里与改造前的建业里石库门里弄相比，除了在建筑外立面、门窗、石库门天井、里弄格局上保存原貌外，建筑内部已经为适应别墅型酒店的居住需要而进行了大手笔改造。内部结构已更换为钢筋混凝土结构。其中，最大的变化是每栋石库门都进行了地下两层开挖工作，地下一层用作客厅，地下二层为车库。此举引发了许多争议，被质疑是

"拆了真文物，建了个假古董"。事实上，将原建业里的东里、中里拆除重建，已碰触了毁坏历史建筑的底线，属于"严重犯规"了。

建业里模式以保护性开发的名义，对拥有城市中心区优越地理位置的里弄街区进行高端商业住宅的开发，把具有巨大商业价值的建筑空间包裹在里弄街区的外壳中，原本的石库门里弄通过开发变成了如今的城市中心豪宅，彻底改变了石库门的居民结构及生活方式。建业里模式的服务对象是小部分的高收入人群，石库门建业里俨然成了一个变相的位于市中心的"别墅"，这种类似"藏品"的保护模式值得我们反思其社会意义。

从严格意义上来说，建业里的改造只能算是一个特例，还算不上一种模式。建业里的尝试失败之处在于，将保护建筑拆除了。当初如果用一个品相中等的石库门进行尝试，而非优秀历史建筑，也许会更加妥当。而政府将土地出让给开发商后，缺乏有力的政策法规制约开发商的行为，是导致建业里模改造过度商业化、与保护传承石库门文化背道而驰的原因之一。对于住宅性历史保护建筑的保护、改造，不应当用房地产模式进行。相关部门需要借鉴建业里改造的经验教训，以应对未来石库门商业住宅开发模式下制约开发商的过度商业行为。

四、国外保护经验借鉴

国外成功经验表明，相关保护的各级法律、税收优惠与资金筹集政策环环相扣，形成完善的综合体系，互相调动，可以利用市场经济的巨大力量引导广大市民自觉参与建筑保护。

美国以地役权为基础，规定每个家庭的保护责任，配合综合的税费激励政策，互相作用以实现保护的目标。保护地役权协议以优惠税费或实物为激励，在政府与千家万户之间达成具体而有效的家庭式保护条例，实现了保护管理部门与私房业主之间的和谐。保护地役权能绕开各种壁垒，以税费激励为调节杠杆，实现保护协议与历史建筑的永久性捆绑。公平自愿的协议最大限度地降低了私房业主抵触保护的行为，私房业主不再为自己的老房子是否被指定为历史建筑而争论不休；城市管理部门不必面对那些麻烦的业主。通过自下而上的私房业主申请，以前没有得到注意的历史建筑进入保护范围，这种做法具有借鉴的价值。

欧洲的建筑保护通过立法展开，有配套的政策资金补贴，有的城市补贴可以达到 80%。如果是商业地产，修缮后的房子其中一部分要作为低收入阶层的社会住宅出租，比如市场价 40—50 平方米的房子月租金大约要 700 欧元，做社会住宅的月租金在 300 欧元，而且 10—12 年不能改租。这样，政府在资助私人保护老建筑的同时，让更多的人受益。

虽然欧美各国的历史文化有所不同，但是共同点都很明显：有明确的保护性公共政策，有多种方式的国家保护资金及银行贷款，有充足的保护修缮经费，有优惠的税收政策，因而保护工作得到不断完善、保护实践效果越来越好。其财政专项资金和税收激励政策可以潜移默化地帮助各国政府宣传各自城市的历史文化价值，经济激励的效果远胜于普通的说教。

在具体保护层面，国外也有很多成果值得我们学习。如在意大利，凡是五十年以上的历史建筑物，都会立档入册当作文物。政府每年都会投入大量的人力、物力，保护与修缮这些历史建筑，并以保留建筑的原真性作为保护原则：注重对历史的尊重，在进行修补或添加时必须展现增补措施的明确可知性与增补物的时代性，以展现旧肌体的史料原真性，进而保护其史料的文化价值，使修复达到"缺失部分的修补必须与整体保持和谐"的效果。正是在充分尊重历史环境的基础上，在日积月累的修缮中，历史环境自然地、微妙地生长，逐渐形成城市新的特色风貌。上海在石库门保护与更新过程中，也有这类原生态的保护方式，但与欧洲国家仍有较大的差距，这是由于国情、文化、技术等许多客观因素造成的。如果今后石库门的保护能够借鉴意大利的保护原则，便能逐渐形成新的风貌，使石库门保护渐进式的动态发展，向欧洲历史建筑保护水平看齐。

五、上海石库门保护再利用对策探索

石库门的发展是一个复杂的综合体系，包含保护与更新两个方面，涉及社会效益、环境效益、文化效益等多个方面的完善与平衡，关系到政府部门、房产开发企业和普通老百姓的利益分配，需要社会、政治、经济多种手段的相互配合。

石库门建筑群为何最终大都以商业形态重新示人？原因一是石库门多集中在市中心，中心城区不断上涨的地价体现出城市对土地的渴求，也对石库门建筑群保护造成压力。另一压力来自高昂的保护成本。原本"一院一户"的石库门涌入"72 家房客",产权关系自然变得复杂。于是,大到置换一户居民释放居住空间,小到换一根电线、水管,资金投入和沟通成本都比预想要高。综艺节目《梦想改造家》中对石库门内部的几次改头换面都颇为成功,可见通过改建,建筑本身完全能适应现代生活。然而,产权关系复杂使得改造变得困难。此时,资本的影响就显而易见。资本介入是把双刃剑,解决了资金缺口,也带来了新的问题。商业开发的目的一定是盈利,那就必须采取市场化、项目化的运作方式;但石库门保护的根本目的是保护,而非资金运作。出发点不同,就会产生矛盾。类似建业里这样通过大片征收对建筑群统一注入新功能的做法并非不可行,但必须明确三大前提,即新功能是什么、成本能否负担、改建技术是否可行。

石库门保护的四种模式,在许多研究者看来,从成本、技术到功能形态,这四种模式都不是最优解。因此要对四种模式进行修正。历史建筑的保护有六类措施,分别为一般保护、保养维修、部分修缮、整体迁移、落架大修和复原,干预程度依次递增,干预程度越大,建筑历史价值的损失就越大。

但这些措施都是就技术层面对建筑本身进行修复,修复后的石库门究竟是完整保留居住功能,还是在居住功能的基础上适当引入新功能,这才是上海面临的最大课题。田子坊保留了建筑和部分居民,是四种模式中较为理想的,也是成本较为可控的,但在消防安全和技术性修缮上存在不便。商业再次激活了田子坊的生命力,但对原住民的干扰无法有效控制。

此外,引入社会资源设立文保基金、为参与保护的企业提供税收优惠、为特定人群设立购房优惠政策,都有他山之石可鉴。而政府不是开发商和老百姓的中间人,应是监管者,负责制定最合情合理的政策。通过建业里这样的个案,社会各界都意识到各自对石库门保护的认知局限,这无疑是好事。

1. 完善运行机制,加强调控力度

公共政策在石库门的保护与更新中起着巨大的作用,特别是在我国市场机制不够完善的背景下,政府的政策导向及决策实施对石库门的保护甚至起到决定性的作用。与发达国家相比,总体上我国在历史建筑保护方面的立法力度和执法强度还有差距,政策法规的空间还比较大。尤其是石库门这样的单项保护,需要专题立法行动予以支撑,或者单独就此出台规范性文件,就指导原则、保护规模、更新方式、资金来源、角色定位等行政举措进行明确。只有通过政策制定，才能取得一些支持，打消一些顾虑，才能积极引导、推进石库门的保护与更新。

在政策制订上要向遗产保护做得好的国家和地区学习，认真检讨已有的政策，制订和完善我们的保护政策。石库门的改善要走渐进式的有机更新的路，不能一味推倒重来，政府应加大这方面的投入，也要发挥社会各方面的积极性，并研究制定相关配套政策。例如，先要制订石库门限制出租的政策，规定石库门出租的条件和最低面积标准，不能让石库门过量超载使用，出现新的"七十二家房客"那种现象；其次要规定石库门"成套率"改善的限制条件，不能随意分隔和搭建，严禁破坏里弄整体环境风貌的改建行为。应建立由政府、企业、居民等多方参与的评价机制和决策机制，进行社会公示，推进公众参与，广泛听取意见。不仅增加石库门保护规划的知晓率和透明度，还要在社会上形成一种健康、开放的舆论导向，让保护工作的必要性、紧迫性，更新方式的科学性、合理性能够得到社会的广泛认同、理解和支持。

此外，石库门的保护与更新是一个涉及城市整体结构、整体风貌的问题，如果任由各个区和开发商自行操作最终会导致城市整体风貌的破坏殆尽。应由上海市一级政府，以城市整体发展为基点，加强整个城市在石库门保护与更新上的协调、合作，通过有力的政府行为制约并平衡各方利益，从而维护上海城市特色风貌。要明确政府、企业、居民等在石库门保护中的角色。政府要积极开展政策引导、机制引导、舆论引导、规划引导，将石库门保护与住房保障结合起来，切实解决民生问题，将保护与区域发展结合起来，真正实现文化、规划两不误，同时要注意掌握好调控的力度。

政府可通过建立"第三部门"对保护与更新项目进行协调，制约几方的行为。在具体的保护与更新的过程中，可以借鉴香港的有关做法，由政府出面把项目涉及的多个房地产开发商联合起来，设立非营利性的土地开发公司，在整体的城市规划和城市设计的控制下，协调各个开发商的行为，把经济规律和政府调控相互结合，使得国家、居民、开发商在改造中都能得益。同时开放市场，在政府协调下准入多样性的保护与更新模式，制定开发商登录制度，实现公平竞争，使石库门里弄的改造市场呈现良性的竞争状态。开发商登录制度是针对开发商的一种评估体系，这样可以有效避免有不良记录、实力不济的开发商进入市场，是为石库门保护与更新寻找到"好管家"的有效途径。

2. 建立科学的评价体系，设置多种保护模式

相关部门要尽快对上海仍存的石库门进行甄别，要摸清石库门的底数，比如目前尚存的石库门数量，不同类型石库门的构成、分布情况和使用现状，以及将来值得加以保护、更新、利用的价值等。有计划有顺序地对上海现有的石库门进行建筑测绘、数据备案，并对现存的历史档案加以整理，建立有效的石库门档案系统，为石库门保护更新的未来发展做好准备。石库门数据库除了占地范围、建筑面积、房屋类型、人口规模等基本数据外，应重点建立一些动态信息数据，如房屋质量完损情况、房屋交易情况、住户改善居住条件需求、违法搭建情况、周边城市发展情况等。通过对数据分析，可抓住重点，分类有序推进保护更新工作。

要重点梳理两部分内容：一是按规划或规定必须进行保护的石库门，要按照既定规划和规定，加大政策支持和机制创新力度，研究如何加快推进保护与更新的办法；二是对没有列入保护范围（或挂牌）的石库门进行重点梳理，按照重点整体保护、整体保留并内部更新、涉及城市发展全局的市政公共设施建设需要拆除等不同情况，从建筑保护措施、使用功能、内部设施更新、城市肌理、空间布局、整体环境、管理措施等方面提出相应的保护、保留要求。尤其对尚处于不确定状态的石库门，还有一定的争取空间，要尽快明确改造方式，以避免贻误时机。在政策的制定中，必须始终明确石库门保护更新的最终目标是什么，并有确实的步骤逐渐完成。这其中，每一步骤的实施都是为了最终目标的实现，不应该在现实压力下或出于自身的短期利益朝令夕改，从而导致不可挽回的损失。特别是在石库门拆除方面，要有一个特别严格的审批标准和审报过程。

其次要制定评定标准，什么样的石库门值得保护，需要制定一个比较合适的标准。这个标准要从物质（房龄、结构、材料、风格、总体、室外、室内、设计者等）、空间（公共空间、半公共空间、私密空间等）、功能（居住、商业、文化、作坊等）、居民（革命家、文学家、普通市民），以及历史价值、历史意义和代表性等方面进行综合考量。这个标准的明确，在确定保护清单时需要，在一事一议、个案分析时需要，在具体更新时更加需要。有了标准，才能够准确回答“为什么保护”“保护什么”“如何保护”等问题。对于那些真正有价值的石库门，要非常务实地进行确认并加以保护；对于保护价值有限而改善民生紧迫的石库

门，要实事求是地加以甄别并科学选择实施方案，最终要在社会、经济、文化、环境之间达到一种均衡。

此外，还需为石库门的发展设置多种保护与更新模式，使其在未来城市发展中平稳过渡。要认同多种模式共存：不可提到"保护"就是原封不动地保留，提到"更新"就是大拆大建；也不能因为一种模式的成功，就在肆意复制或者拒绝其他模式的存在。在不脱离其核心价值的前提下，借鉴经验教训，以保护特色风貌、维护居民利益为基本出发点，从完善政府机制、协调外部经济，鼓励居民自我发展，渐进式动态发展等方面着手，探索保护与更新的更多途径，多元化的演绎石库门各种新的功能，延续传统成活形态与生活方式，给社区和城市生活增添活力。为石库门找到最合适的新功能，在使用中保护，才是最有效的保护。

3. 建立适当的利益互补机制，降低居住密度

石库门虽然是居住地段，但有历史文化遗产保护的属性，也是文化建设范畴，政府可拨出专项资金，不能按一般旧城改造房地产开发模式进行。可以先行试点，创造经验，逐步推开。对于明确需保护的石库门，建议进行全方位的经济测算，以探索不同改造模式的可行性和适应性。比如，可根据现有建筑面积、土地面积、容积率、建筑密度、日照情况、居民户数等指标来作出计算。如果部分石库门能够被置换出来，作为公益性现代功能使用，或者按商业开发模式，根据当前相似案例的出租率和租赁（或销售）单价，均可测算石库门的经济价值；如果按照自组织置换式的渐进更新方式，也可测算石库门的市场价值和产业潜力；如果还原其原生态，不仅可测算其可能的出售价值，同时还可评定其是否能够实现最初的环境品质和人文精神；而一旦实施拆除重建，其相应指标估计能够达到多少，也可测算其可能的经济价值。通过算账，可以大致分析出保护更新方式的经济性和可行性。

降低居住密度，采取整体置换是"实心"变"空心"的高效方式。对于大量石库门，由于过去的补偿标准与实际房价有很大的差距，在执行中遇到很大的阻力。所以，应该走出一条市场化的置换之路，增加多种补偿方式以满足不同收入居民的不同搬迁需求。补偿标准应采用市场化的评估，以周围商品房价作为依据。可以采取原地补偿安置，在原街区留出相等面积的回迁旧房；也可以采取异地补偿安置，在其他较远地区建造更大面积的配套商品房安置居民；还可以采取

货币补偿，参考不同类别地段的市场均价确定安置补偿费。从而实现石库门内部整合，减少住户数，使居住密度降低至合理的状态。对于历史建筑的石库门私产业主，在《物权法》的框架下签署地役权协议，产权人依法落实保护的责任与义务。私房产权人自行保护，应按照保护法规要求，私房产权人相应承担所发生的保护费用，配合保护修缮的实施。

除此之外，要协调好各方面利益。在市场经济日益深入的今天，政府已无力完全承担改造任务。因此需要利用市场机制，采取多种措施，吸引、协调各种市场投资力量参与石库门的保护与更新。政府基金及政策支持具有引导和撬动社会投资的作用，社会资金和民间力量是石库门保护更新之资金来源的主要力量，而一系列相关政策如征收补偿标准、与住房保障的结合等是重要的影响要素。资金平衡问题是最大的瓶颈之一，其中包括财政资金、企业资金、社会资金（民间资金）等三方面的结构关系，比如政府如何筹措资金、企业是否愿意投资、民间怎样形成资金力量等。保护工作需要充分发挥市场经济的巨大力量，在保护的前提下，合理开发利用，调动多渠道资金投入到保护工程中。建议财政部门依法落实公共财政资金，以税收优惠调动全社会的力量和积极性，让历史文化的保护与发扬深入到千家万户。

4. 鼓励自发性保护，维护原住民利益

自发性保护是原住民在市场经济下，主动趋利进而参与到石库门的保护与更新过程中。原住民的主动求新求变在一定程度上为政府职能部门减轻了负担，对居民自身的利益损伤也降到最低，同时避免了在政府为主导的保护与更新中，不能有效解决居民实际意愿的问题，也对个别因提出无理要求而阻碍社区整体发展的居民，在集体意志面前得到控制，使居民与政府的矛盾转化为居民内部的、以共同利益为出发点的妥协，有效维护社会的和谐稳定。

上海近年在对石库门的改造中，居民较少有机会参与其中，对自身居住环境的变更决策也是被动地接受。居民作为改造中的客体，不具备足够的发言权，更谈不上决策权。究其原因：既有居民整体的文化素质参差，加上几十年的计划经济使居民形成了依赖和被支配的惯性，缺乏自我保护的能力和民主意识；也有近年来部分居民在动迁、安置过程中提出种种不合理的要求，甚至坐享其成、漫天要价，使得政府对开放公众参与改造有所顾忌。整个改造过程不够制度化和规范

化，导致石库门成为政府与开发商牟利的工具，而居民却被排除在这一体系之外的事件时有发生，与谋取公共利益的最初价值准则相背离。因此，鼓励自发性保护，提倡居民以主体的身份，作为石库门发展的实施者参与改造，转"被动式接受"为"主动式参与"，政府与开发商从侧协调。在社区内推选有能力的居民作为代表或成立业委会引导居民共同参与，商讨保护与更新的方案、筹措资金、解决困难等，由居民到居民完成改造意愿是最直接有效的维护居民利益的方式。

自发性保护是石库门居民自由选择、自我生长的结果，具有一定的随机性和偶然性，因此在发展过程中必定会产生无预判性的矛盾与问题，这就需要有相应的管理协调机制及时配合。政府协调支持及专业人员的引导是重要辅助条件。政府需要为居民的自发性保护与更新提供政策法规上的指引和公共行政方面的服务，并在财政上给予补贴及税收优惠，最大限度地发挥居民的自我能动性；专业人员的引导是保证在项目具体实施时提供专业意见的，避免居民由于专业理论和经验的匮乏而使社区改造陷入困境。如改造中涉及第三方（房地产商、文创产业等），在经济利益分配上要重视居民的弱势地位，政府应当制定配套的政策予以制约政府、居民、第三方各自行为，以免在保护与更新中产生不稳定的因素。

5. 强调"渐进式"动态发展，完善保护措施

石库门作为城市的有机组成部分，与城市同时生长，它不应该是静止的，而是一个动态发展的过程。之前大规模的疾风骤雨式的旧城改造模式，对城市特色风貌造成了严重损害。"渐进式"的动态发展策略，将石库门消失的过程转化为一种渐进式的动态发展过程，为新建筑诞生与成长提供足够的时间，使石库门所代表的城市特色风貌和历史文化得到保护、延续。石库门的保护更新状况仅仅是一个时代的产物，而石库门保护更新的持续应是上海永远的工程。

职能部门应不断完善石库门保护的条例与法规，在现行古建筑保护的高标准基础上，略作取舍，对除保护建筑以外的其他较低等级的建筑设立相应的保护条例。建筑的修缮必须有详细的标准与规则，在保证建筑原真性的同时适当地与时俱进，并设立相应的监管机制。石库门建筑保护技术具有特殊性，与现行规范的适用范围有所不同。照搬现行技术规范去改造石库门，无法真正保护它；应该专门制定适用于保护石库门的技术规范或性能检测与鉴定标准。由于建造年代久远，石库门现状存在问题较多，如居住密度大，部分房屋结构差，交通、停车、

绿化、公共设施不配套等，给保护利用带来很大的难度。因此在做保护规划的时候，还应涉及更大的层面，如何完善原有不足的配套设施、绿化、消防、停车等，使之符合现在的生活方式，从而对石库门保护起到积极的作用。

要探索住户参与房屋修缮整治的新途径，鼓励住户（公房承租人）全面参与修缮整治。以往由房管部门承担的公房修缮整治，因租不抵修、修不到位，将难以为继。应立法明确公房承租人所具有的产权人属性，以业主身份承担修缮责任，缴纳维修基金。建立业主出资修缮、政府给予补贴的新机制。鼓励业主实质参与修缮整治。需不需要修，多数住户说了算；怎么修，方案可行不可行，由多数住户统一决策；施工阶段住户要配合。此外，需提高修缮整治的专业技术水平。由于石库门修缮整治的复杂性和专业性，必须引入专业设计和施工企业及相应的专家队伍，从空间利用、结构加固、厨卫完善、管线敷设、保护修复、环境整治等方面，系统提出规范的设计和施工方案。传承保护修缮工艺，建立网上修缮整治技术交流平台，取长补短，激发创新，解决实际问题。

第五章

从历史街区到网红城市空间的融合路径

"网红"是当下最火的互联网热词之一，网红城市亦是当下文旅市场现象级的研究话题。互联网时代，各类新媒体技术的快速发展改变了人们接收信息和社交的方式，网络已逐渐成为人们获取信息、表达观点，且对现实产生重要影响的社交空间。在微博、微信、小红书、抖音短视频等新媒体营销背景下，众多网红城市空间作为一个新兴概念，不断被塑造出来，为旅游目的地带来了游客量与旅游收入的显著增长，不断凸显经济发展潜力。

网红城市空间的诞生，从根本上说是城市高质量发展的必然。其本质是注意力经济——谁吸引到更多的公众注意力与关注度，谁就能获得更多的人口、资金、技术、信息等关键性发展资源，从而在激烈的城市竞争中获得领先优势。网红城市空间的超高人气，背后是城市人文底蕴、发展理念、公共服务水平的综合体现，是城市经济实力、人口规模乃至科技进步等一系列因素综合作用的结果。城市形象的提升，带来最直接的效应就是文旅产业的增长。火爆的人气背后，如何将流量经济变成增量经济，塑造真正的城市竞争力，是网红城市空间面临的重要课题。

网红城市空间的走红，推动了城市传播，提升了城市旅游吸引力。"网红城市打卡"成为社交媒体时代人们增加社交资本的一种方式，而在日常生活中常态化。不少独具特色的历史街区正成为热门的网红打卡地，而随着这些网红打卡地人气热度的持续增长，以网络图文和影音为触媒、文化旅游和创意产业跟进的线上线下互动模式，逐渐成为移动互联网时代城市营销的新趋势。

历史街区是历史遗迹较为丰富、文物古迹较多、优秀历史建筑密集且建筑样式、空间格局和街区景观较完整、真实地反映城市某一历史时期地域文化特点的地区。历史街区反映一定历史时期的传统风貌，具有历史文化、人文情感、美学艺术和物质遗产等人文价值，是当地城市特色对外展示的独特窗口，其空间特征更是孕育着城市独特的人文精神与文化氛围。历史街区作为承载城市文脉的场所，无论是其实体空间环境还是文化传统，均为构成城市文化背景、特色风貌和生命力不可或缺的一部分。历史街区作为彰显城市风貌、历史文脉的关键要素，因其历史价值和人文价值，是城市发展中存量更新区域的典型代表。

近年来，由于城市人口的大幅增长、城市发展进度持续加速，历史街区空间品质有所降低，不少历史街区存在空间活力不足的现象，如何激发空间活力，成为历史街区更新的当务之急。历史街区的现状与当代城市的结构、城市功能的需求、市民生产生活的方式存在冲突，使得历史街区的改造更新十分必要且尤为重要。因此，需要将更多新理念、科学技术和科学方法融入历史街区空间活跃度提升中，这不仅可以再现城市历史肌理，还可以延续城市传统生活。

历史街区是城市历史文化的聚集地，具有极高的观赏和体验价值。无论是城市空间里的文化遗产，还是原住民传承的非物质文化遗产，都是历史街区内涵、活力、文脉的重要组成部分。在文旅融合大背景下，历史街区作为文化遗产保护体系的重要组成部分，与旅游相结合进行商业化开发有着极高的商业和文化传播价值。但商业化的运作是一把双刃剑，在使得历史街区保持活力的同时，也使得历史街区遭受了比较严重的破坏。如何有效保护街区文化特色、传统风貌、生活氛围，如何让历史文化街区作为传统文化的重要载体，在新时代也能继续焕发勃勃生机，已成为政府和学者的关注热点。

对历史街区而言，防止衰败很重要的途径之一便是进行文化旅游开发，静态消极的文化保护方式是不可取的。在开发与利用的过程中，既要最大限度地保留历史街区的真实性、完整性和延续性，也要让历史街区热起来、活起来，使历史街区能够在现代城市发展中翻开崭新的一页。文旅开发可以增加当地居民收入，可以复兴历史街区的活力，使历史街区获得可持续发展的动力，实现街区的历史、教育、美学功能，并发挥其文化、经济、社会等多重价值。随着全球化与城市化进程的推进，城市间的竞争日趋激烈，把历史街区打造成网红城市空间，有利于城市品牌形象的传播，让城市形象变得立体、饱满、鲜活，进一步扩大城市的知名度和美誉度，同时为城市旅游业带来生机，一定程度上促进了城市经济的发展，为城市发展带来新的机遇。

一、上海历史街区发展现状

上海的历史街区体现了上海历史发展的印记和脉络，是上海社会风俗和生活方式的缩影，保存了大量的历史文化资源，包括特色建筑与设施、特色街巷、名人故居、遗址遗迹、历史故事、民俗节庆等资源，其深厚的文化底蕴构成了上海城市个性面貌的活力源泉。作为国家历史文化名城的上海，拥有历年公布的 3435 处各种保护等级的不可移动文物，和自 1989 年以来先后五次公布的 1058 处优秀历史建筑。《上海市历史文化风貌区和优秀历史建筑保护条例》确定了 44 个历史文化风貌区，其中衡山路—复兴路、外滩、南京西路、人民广场、虹桥路、山阴路、新华路、愚园路、提篮桥、老城厢、龙华、江湾这 12 个位于中心城区。后又确定了中心城 12 个风貌区内的风貌保护道路共计 144 条，其中一类风貌保护道路有 64 条，它们被称为"64 条永不拓宽的马路"。

在上海城市更新如火如荼的当下，历史建筑、历史街区作为传统文化的重要载体，也逐步得到维护与修缮。随着周末微度假成为热门新宠，一些历史街区被成功改造为上海的文化旅游名片，街区边界正逐渐被打破：既是富有生活气息的居住街区，是满足新潮购物的商业街，也是周末休闲度假的景点；既是外地游客网红打卡新地标，也是上海本地居民日常逛街购物休闲的新选择。文商旅融合已成为历史街区打造的新趋势，恢复部分街区原有功能，作为传承历史文化的载体，另一部分则被改造为精品民宿酒店、品牌店铺甚至是高端住宅，多功能融合、新与旧融合逐渐成为优质历史街区打造标配。一批时尚和网红业态进驻，成功完成了"跨界、精致、整合"的历史街区新形象。外滩、城隍庙、新天地、武康路、愚园路、新华路等业已成为新晋的网红历史街区。

1. 上海历史街区的价值

上海的历史街区融合了上海市发展过程中各个时代的鲜明风格，保留了上海一百多年中西文化交流的历史精髓，是上海近代乃至当代城市文化产生的重要舞台背景，体现了近代上海在经济、文化、生活各个方面的成就和发展轨迹，具有较高的历史、文化、社会和旅游价值。

上海历史街区的形成与中国的历史发展及上海的城市发展有关，同时也展现了中华文明对外来文化的吸收和包容。上海在历史发展中，将西方文化与本地传统文化融为一体，创造了上海独具特色的地域文化——海派文化，构成了上海城市文化发展的深厚底蕴。外滩建筑群、人民广场历史建筑、衡山路—复兴路花园洋房等都是海派文化的物质体现。这些建筑大多分布在历史街区中，是在上海的近代史发展过程中遗留下来的，被打上了海派文化的烙印，具有鲜明的海派特征。作为中国近百年历史风云激荡之地，上海的历史街区保留了大量的历史事件和著名人物活动遗存，形成了上海最重要的文化记忆。这些特色鲜明、不可替代、不可复制的历史文化资源构成了上海历史街区"活态文化"中最重要的部分，具有深刻的历史背景和显著的文化价值，为历史街区的形成打下了文化基础。

　　上海的历史街区至今较好地保存了百年来的城市发展格局，即使在近三十年城市快速发展中，大量的历史道路仍然得到保留，历史街区原有的景观特征和氛围得到基本保持，具有较高的文化价值和社会价值。随着上海经济、社会的发展，整个城市基建突破了历史街区的界限，形成了现在的格局，但是最为传统的城市格局仍保存在历史街区中。以老城厢历史街区为例，其道路网络是由昔日一些旧河浜填浜筑路而成，目前有 300 多条道路，路网密度大、路幅狭窄，以小街、小巷和弄堂居多，整个路网错综复杂。除了小街、小巷、小弄堂之外，还有众多的建筑。不仅有中国传统的特色建筑，还有由传统建筑演变而来的中西合璧的建筑，这些建筑充满了老与旧的气息，保存了上海最传统的生活形态和生活环境。老建筑、老街巷、老弄堂、老场所、老环境，都是老城厢具有本土结构和肌理的特征，老城厢的历史积淀、文化内涵、风貌特征等都留存在这些具有悠长年代的老环境中，反映着居住在此地的上海平民百姓的生活日常。

　　上海历史街区内至今还保留了大量完好、众彩纷呈、类型多样的西方建筑，以及中西合璧的石库门建筑，成为上海最具代表性的城市景观和城市符号，具有较高的文化旅游价值。上海的历史街区几乎涵盖了西方的各式建筑，如英国古典复兴、法国古典主义、德国新古典主义、文艺复兴风格、巴洛克风格、哥特复兴、安妮女王复兴、折衷主义式、装饰艺术派、地中海风格、西班牙风格等，世界各国风格的建筑高度集中，并保存完好。具体来说：老城厢是上海本土文化的唯一传承地，以传统住宅、里弄住宅、宗教建筑和商业建筑为主要特色；外滩是金融办公建筑群的集聚区；人民广场是上海近代和现代建筑交叉融合的地区；南京西路以展览、科研、文化娱乐建筑为代表；衡山路—复兴路、新华路、愚园路和山阴路以独立式花园别墅、新式里弄、公寓等为其建筑类型代表；龙华以宗教建筑和革命纪念地建筑为主；虹桥路以大量的乡村别墅为主；提篮桥曾经是犹太人的避难所，集中了大量带有犹太文化色彩的建筑；江湾历史街区是民国"大上海计划"的遗物，以近代民族建筑风貌为主要特征。每一条历史街区都有自己的特色，成为不同历史阶段不可代替的象征。这些历史建筑是上海最具代表性和典型性的城市景观，众多的建筑类型和式样成为上海城市风景线中独特而又亮丽的风景，也成为吸引游客到来的重要因素。

　　总之，上海的历史街区见证了西方文化与中国文化的碰撞与对话，证明了中国文化永不衰败的生命力及其开放性和包容性，是具有独特价值的城市文化遗产。上海作为一座历史文化名城，在漫长文明史发展的进程中，不仅流传下珍贵的物质文化遗产，重要的是，历史街区中还以口头、动作等方式积淀大量颇具生命力的非物质文化遗产，如历史街区中的里弄文化、吴侬软语、习俗等非物质文化遗产。这些非遗展现了上海人世代生活在其中所形成的生活方式、人际关系、风俗习惯，成为见证上海城市文脉的"活化石"。深入挖掘历史街区的文化价值，在保护的基础上进行适度的开发和利用，可以激发历史街区的原有活力，发挥其特有的功能和价值，促进上海历史街区的可持续发展。

2. 上海历史街区更新现状

本书提到的上海历史街区，是在世界遗产视野下，以历史街区保存有一定数量和规模的真实历史遗存，具有比较典型和相对完整的历史风貌，并融合了一定的城市功能和生活内容为理念基础，将上海中心城区的 12 个历史文化风貌区统称为上海历史街区，确保能完整地代表和体现上海历史街区的人文内涵。本书将结合历史街区更新的价值导向、模式、空间等特征，选取以商业为主导、历史文化与公共活动相结合的愚园路，和以历史风貌更新保护为主导、城市景观活动聚集、街道服务主体转变的武康路进行研究。

（1）愚园路历史街区

愚园路历史街区是上海新式里弄文化的典型代表。在上海新一轮城市更新中，愚园路的更新俨然成为一种范例和模板——变"拆、改、留"为"留、改、拆"，最大程度利用现有空间解决人民群众不断提升的城市公共功能需求，将百年人文历史与"文化、艺术、生活"的特色风貌完美融合，使路人游客驻足其中。愚园路的改造是分阶段的，随着改造的推进而不断调整。相较于"大拆大建"思维，愚园路历史街区的改造是一种城区发展的高级形式，并且在上海的城市更新改造实践中取得了良好的效果。如今，以愚园路为代表的历史街区，通过改造已发展成为上海新的文旅资源。

与众多中心城区的历史风貌保护区一样，愚园路的改造升级同样面临着"如何兼顾保护与改善原住民生活品质"的难题，但难度大小不一。与同类历史街区比较，"百年愚园路"汇集的历史保护建筑类型更加多样化，并且在其发展过程中呈现公共服务、行政办公、社区商业等功能高度复合的状况。因此，既要考虑愚园路历史建筑及传统社区生活的保存，又要兼顾市场运作的可行性。

在价值模式上，愚园路更新最核心的特征是通过历史文化与景观价值的结合实现了街区商业功能更新升级，提升了街区整体的价值类型复合度及消费能级。在空间操作模式上，愚园路更新1.0的阶段首先从街道界面的风貌整治入手，破除围墙、拆除违章建筑、重新安置空调机组，对沿街外立面进行翻新改造，同时拓宽公共空间，使这条老旧街道逐渐恢复历史风貌和人文气息。在更新2.0阶段通过"城事设计节"活动，针对街区中一些利用率不高的区域，通过公共艺术装置展示、主题快闪商店等对其进行合理的更新与跨界，赋予其新的功能，使之能继续服务周边居民。

图 5-1　愚园路网红打卡点

目前已经升级到 3.0 版本，是兼具市井气息和生活美学的跨界体验街区，着重打造以愚园百货公司为代表的潮流生活方式集合店与菜场混搭美术馆的愚园公共市集，目的是在烟火气和精致生活交织的时空内，孕育出新的城市形态——既能引领时尚的生活方式，也能满足原生态社区的实际需求。（图 5-1）

由此，愚园路进行了时尚化改造，成为上海一条有着历史人文价值的时尚旅游路线，通过打造具有自身特色的文旅产品，在城市更新中焕发出新的活力。借助互联网的春风，愚园路也摇身一变，从历史文化街区逐渐演变成了网红城市空间，成为一个网红打卡圣地，互联网上的广泛传播带动了其旅游的发展。历史中的愚园路名流荟萃，如今线下网红故事商店将愚园路的故事向游客们娓娓道来。

弄堂里的公共市集功能简单，却意义重大，不仅为居民提供更加便利的生活方式，同时也让游客走进了原汁原味的上海。同时对愚园路进行城市更新改造，举行艺术展览、建立社区美术馆等，使愚园路文艺和艺术特性得到进一步加强。通过小红书、微博和旅游网站的高频词汇挖掘可以看出，愚园路的特色十分鲜明。当前城市改造后的"文艺、艺术、小资、复古"形象感知与愚园路独特的百年历史以及洋房建筑相辅相成，作用于愚园路文旅发展，促进愚园路历史文化与旅游更紧密融合。

除了满足"游"方面的需求，愚园路还能满足游客与当地居民对"购"与"吃"的需求。在物质文化遗产之外，生活在愚园路上的居民及其生活方式更是需要保护的重要非物质文化遗产。公共市集的出现既方便了当地居民生活，又在一定程度上再现过去的生活方式，给游客带来新鲜的体验。各种网红店、咖啡馆、餐厅与小吃则是利用愚园路旅游热点的集聚效应，贯彻全域旅游的理念，进一步提升愚园路的商业化程度。而这些网红店在互联网上的广泛传播也带动了愚园路的文旅发展，对愚园路历史文化的传播有着积极意义。

（2）武康路历史街区

武康路是位于衡山路—复兴路历史文化风貌区西端的一条一类风貌保护道路，入选由文化和旅游部与国家文物局批准的第三届中国历史文化名街。衡—复历史风貌区建成于近代上海黄金时期，从建成至今一直是上海城市结构中一个重要区域。这些年，上海最火的历史街区当属衡—复历史风貌区。这个上海中心城区规模最大、优秀历史建筑最多、历史风貌格局最完整的历史文化风貌区，本就拥有适宜步行的尺度。经历了武康路的整治、武康大楼的修缮保护、安福路上各种潮流店铺的入驻……这里成为最适合打卡拍照的旅行目的地。2020年"十一"长假，武康大楼所在路口的人流量达到日均2万人次。（图5-2）2021年"五一"小长假，武康路129号阳台上的蝴蝶结突然爆红，吸引到大量网友前来打卡。（图5-3）

武康路被誉为浓缩了上海近代百年历史的名人路，所在区域主要是花园住宅和小型公寓两类，建筑形式各异，包含西班牙住宅样式、英国乡村别墅式、装饰艺术派与现代式和法国文艺复兴样式等。如今的武康路周边也是重要的城市居住社区，这里的花园洋房不仅有居住功能，同时也是文化、科研、医疗和宗教机构的办公场所。

武康路更新源于2007年的"上海历史文化风貌区保护"试点建设，更新价

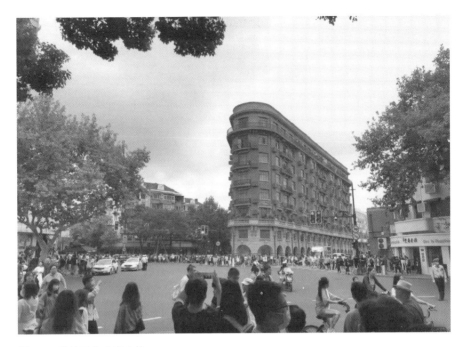

图 5-2　假日里的武康大楼

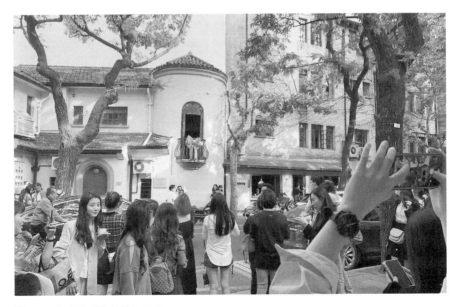

图 5-3　武康路"蝴蝶结"阳台

值核心在于道路权利主体的改变，在风貌保护与景观营造结合的基础上，让传统的历史社区街道转变为展现城市风貌的历史景观街道，将原本一条破旧凋零的交通道路转变为室外展厅，服务群体也由周边居民扩展到市民乃至外来的游客。在空间操作上，保护规划与保护性整治摒弃了置换、动迁等大动作，更多的是以在建筑样式与细节、围墙、院落入口节点等方面的细致还原与空间营造来带动街道整体性的更新，更新过程也注重对植物与管线的仔细测量与更新。武康路重要的特征在于道路周边丰富的历史文化与建筑资源。街道两侧临街店面较少，以建筑侧立面与围墙形式为主，尤其是形式多样的围墙大约占70%的界面比例。通过更新，形成了由窄街道、矮围墙、历史风貌建筑、丰富的行道树，以及围墙内院落绿化共同营造出的独具特色的历史风貌景观。

武康路以"整饬"为主，保护文物建筑、近代优秀建筑和以生活气息为主的人文风貌，保护并整治体现传统城市肌理的街区内部道路，疏导视觉走廊。武康路——淮海路结点部开放空间，围绕塑造有停留性和场所感的小型开放空间这一设计目标做设计引导方案，其中，既有景观绿化形式改变、增设公共艺术等形式优化举措，也有禁止机动车停放、书报亭移位等管理举措，同时避免过度设计。

二、上海历史街区开发中存在的问题

上海历史街区作为上海城市的最重要的组成部分，曾经拥有明确的街区空间、符号填充物和风格分明的景观风貌。但是，伴随着时代的发展和城市发展进程的加快，上海历史街区的传统功能也发生了根本变化，例如，外滩历史文化风貌区在资本主义制度下的金融中心功能消失，老城厢历史文化风貌区服务于本地居民的传统商业逐渐被旅游商业代替等。在经济利益推动、外来文化渗入、产业格局调整等多种因素作用下，上海历史街区的空间格局、街区风貌、文化传统等都受到现代文明的冲击，历史街区原本的空间逐渐模糊，不仅在历史街区的范围内陆续出现各式各样的现代建筑物破坏了原有街道模式，重要的街区标志物也慢慢被忽视，街区空间格局在保护和发展的平衡中发生变化。众多问题和矛盾逐步凸显，导致街区的文化发生变迁或者消失。

此外，旅游景点在各历史街区存在分布不均、开发程度差距显著的情况，可供参观的主要景点也不够多，参与性、互动性的项目少，制约了历史街区旅游的进一步发展，造成了各街区旅游发展的差距。随着历史街区内游客数量激增，内部公共设施设计所暴露出来的问题也越来越多，存在着重视街区旅游资源的开发而缺乏注重游客体验和人文关怀、注重街区整体形象而缺乏对市民生活的关心、游客数量增多给街区环境造成压力、游客不文明行为给街区历史建筑造成伤害、街区交通拥堵出行不便以及物价飞涨等问题。

总的来说，上海历史街区目前存在着文旅发展不平衡的状态，通过文旅功能的优化或通过导入新的文旅功能，可以克服历史街区形象过时的弊端，还可以利用新经济活动来替代或者补充街区内业已衰落的功能，促进历史街区的有机更新和利用，为日后申报世界文化遗产奠定基础。

1. 建筑特质弱化，空间格局模糊

随着历史变迁，历史街区建筑陈旧、设施老化、交通拥挤，存在功能单一、历史文化资源活化利用不够、整体风貌环境不佳等情况。在历史街区改造中，有些历史街区保护的范围、建筑数量等相关数据的确认不够详细，在实际改造进程中，直接导致拆迁量大于保护的范围，使原有的风貌不但没有得到保护，反而还出现了不同程度的损毁。尽管部分历史街区从总体上看来保存了相对完整的街区空间格局和独有的特征，但是在一些局部，在现代城市的建设过程中还是受到影响而发生了改变。

大部分历史街区中价值较高的文物建筑虽然都被完好地保护和保存了下来，没有出现大的变化，但是外围的空间出现各式风格的建筑，导致建筑元素的混搭，破坏了原有的空间格局。而且随着城市的发展，越来越多的外来符号在历史街区中出现，如耸立的商业化广告等。被保存下来的历史建筑当中，除了宗教建筑和部分名人故居还保留着原有的功能用途外，大多数的历史建筑被收回进行保护，也有的作了商业开发对外开放，在使用和改建过程中，老建筑的空间结构和功能布局发生了改变。部分房屋使用权被置换出去变成商业店铺、餐饮、住宿、写字楼等，进而使得街区发生变化。功能置换改变了历史建筑的原有功能，加入新的功能元素，不可否认，这样使历史建筑作为建筑本身得到了利用，但是也让游客的体验大打折扣，原本发生在这里的生活场景已消失殆尽，再也看不到了。

此外，历史街区展示的整体环境有待改善，比如愚园路上违章建筑较多，优秀历史建筑或掩藏于临街搭建的商铺之后，或因为高大院墙遮挡而失去良好的空

间视角。还有的街区空调外机和晾晒衣物杂存一片、电线纵横，虽然反映了历史建筑中的生活状态，但是却影响了展示的整体环境，也影响了历史街区的整体展示效果。有的历史街区缺乏原真性生活状态的展示，一些街区的展示仅仅表现为静态建筑的展示，而忽略了其中真实的生活状态。（图 5-4）

2. 开发模式存在偏差，历史人文情怀与商业化有冲突

有的历史街区具备极高的活力度的潜力，然而现状却是旅游热度的缺失、部分原住民生活与街区文化割裂甚至冲突所导致的总体活力度缺失。究其原因，是在开发模式上有偏差。如多伦路历史街区的整

图 5-4　部分历史街区的生活状态

体定位是较为小众的一个文脉展示、宣传和教育的空间，商业只作为辅业存在。就改造方式来说，多伦路一期采取的是将主街沿街居民动迁后修缮房屋、整治环境，自上而下地植入"一层皮"式的文物古玩街。通过原住民全部迁离、引入新型商业、提高街区房地产价格等方式，完全改变了历史街区的社会人口特征、人文关系、商业结构及空间景观等。去里存表的改造方式本身就会使游客与周边原住民形成活力度互斥、隔离，而其植入业态——古玩业受众甚小，在游客活力度上也无法交出满意答卷。而到了二期工程应当实施的阶段，资金的短缺不仅使历史街区的整体开发难以为继，居民生活与游客游览仍然互相干扰，街区内交通环境与开放空间的整治也未能全部落实。基于城市文脉改造的历史街区，通常有一定的文化遗留，是当地历史文化的重要组成部分，因此也被视作城市人文形象的展示载体，导致对商业业态、品牌选择必然有更高要求，有时甚至与实际客群的消费能力存在严重脱节。对项目盲目的高端定位往往与实际回报不成正比，成为

历史街区改造中遇到的首要冲突与难点。

另外，文化与商业的冲突是一个老生常谈的话题。历史情怀滤镜加持，致使不少人对于历史街区改造中的商业化有一种先天的排斥。过度的商业开发也是历史街区或多或少普遍存在的问题，历史街区逐渐演变为现代商业街、购物步行街，身在其中根本无法感受街区的历史文化底蕴，建筑风貌、街区景观及雕塑沦为文化的空壳，更加剧了这种冲突。此外，历史街区中的建筑原本各自为政，没有任何现代商业考量，有些建筑是改造新建，因此在外在高度、结构方面有所不同，整体设计包装存在难度。建筑内部尤其是文保建筑，本身的局限性叠加复杂保护规定，业态规划受到限制，特别是餐饮类业态。部分历史街区管理者缺乏现代商业运营概念和能力，商业业态多以旅行纪念品零售和特色小吃餐饮为主，基本不考虑城市人群生活需求，仅满足旅游人群的基本需求，导致街区商业布局并不太合理，业态陈旧、经营单一化严重。这不仅造成了街区商业活力的降低，还严重伤害了历史文化街区的文化底蕴，对旅游客群的吸引力也日渐丧失。另一方面，新消费人群对文化和旅游体验的要求却日益提高，其对于历史文化展示、休闲娱乐、文化演艺等体验性业态的需求不断提升，导致这类冲突不断加剧。

3. 文化旅游资源尚待挖掘，存在浅表化、同质化等问题

历史街区许多优质资源未得到充分开发和宣传，文化内涵挖掘不足，附加值欠缺，没有长远规划。游客对历史街区的了解仍较多集中在建筑物外观，而对历史街区深层文化内涵、建筑中的人文故事所知甚少。如愚园路旅游的网红热点主要为建筑，名人是另一个关注点，多数旅游者对愚园路的历史文化仅存在表面的认知，旅游只是欣赏愚园路的风景和建筑，游览热门的名人故居，对愚园路背后的历史文化事件和人物了解不多。由此可见，愚园路历史街区的真正文化并没得到充分挖掘和开发。

历史街区旅游产品同质化现象日益严重，缺乏新意，忽视了对城市历史文化价值的展现与传递。不少历史街区的新兴旅游项目对游客的吸引力较小，呈现出散、小、乱、定位不清等诸多问题。模仿、复制是一个很明显的现象，当某一历史街区得到突出发展，渐渐深入人心，就会出现很多跟风行为，如呈现的内容都为某个历史建筑外景，体验方式也主要表现为拍摄各种美美的"网红打卡照"。

但再好的模仿与复制，也会让观众由腻而乏。游客需求已经多样化，但不少历史街区还在套同一个模板。街区中的其他网红景点也是相同道理，网红打卡墙、网红拍照墙成了为吸引人流而建造的景点，很多造型都十分接近，游客在打卡拍照的同时如不加上地点定位，就很难让人猜到具体地点。

此外，新媒体之下，网红模式热点下降快。一些历史街区成为网红打卡地，在一开始爆红之后引发众多模仿者，其唯一性难以为继，随着时间的推移，吸引力也衰减，热度降低在所难免。缺乏深厚文化内涵的积累和健康运营机制的建设，网红城市空间对大众的吸引往往是短暂且不可持续的，甚至是对原生景观环境和风俗文化的破坏。过度的新媒体营销推广也会带来很多问题，如用滤镜美化后的照片和短视频营造出各色美景，然而真实的景象没有了美颜加持，只有同样受网图吸引前来打卡而导致拥堵的人群，游客收获的不是美景而是失望。体验差、满意度低成为不少网红城市空间普遍存在的问题，游客实际体验感知与预期之间落差过大，乘兴而去败兴而归，惊呼为"照骗"。新媒体营销成就了网红城市空间，但过度渲染反而导致游客因为预期过高而满意度降低，让历史街区失去了本身的色彩。

4. 传播内容泛娱乐化消解街区历史底蕴，造成城市形象偏差

历史街区成为网红城市空间有助于激发年轻人对于城市文化遗产的兴趣和想象，更好地拉近他们与历史文化的距离。互联网时代，通过网络平台的公共参与，实现了历史街区的有机更新，这确实为当前中国历史文化遗产的保护提供了一个独特的实践样本。历史街区的文化价值和历史价值也可以成为推动地方经济发展的新动力，尤其是在互联网放大效应和网红效应的双重影响下，这种推动作用会更加明显。但是在打造网红街区的过程中，出现为了在短时间内获取大量网络流量，而置传统文化于不顾，进行过度营销的行为，无论是在记录城市风情，还是在呈现文物方面出现了许多搞怪内容，甚至为了营销杜撰出许多无中生有的"传承工艺""传统文化"。如为迎合大众娱乐心理去打造莫须有的城市故事，为吸引眼球以"标题党"式宣传来夸大城市优势。内在的文化内涵和地方民俗相背离、解读走向过度娱乐化，从而形成了城市形象的偏差印象。混乱杂糅的信息极易造成对传统文化的曲解，最终会损坏城市自身形象。

很多游客对上海历史街区了解不够，在历史街区的游览过程中并没有很好地

体验属于该街区的文化内涵。因为过度商业化，游客体验不到原汁原味的海派文化，不能很好地去理解蕴涵在历史街区中的文化底蕴，对于历史街区中所呈现的生活场景也仅仅是新奇、有趣的感官体验。其实，要成为网红城市空间，主要还是应依托城市文化与历史传承下的遗产，独特的城市文化与历史底蕴是不会被替代的，它们可以成为网红城市空间的核心竞争力，因此在宣传历史街区的形象时仍要注意展现历史文化，不要让娱乐化内容消解街区的历史底蕴。

5. 游客数量激增带来环境问题，管理和配套不到位

打造历史街区推动了上海文化旅游业的发展，但同时也由于游客数量激增而带来一些环境问题。一些历史街区爆红之后，游客慕名而来，游客数量增多使历史街区人满为患，尤其是五一、十一这样的小长假，一些历史街区每天都有大量游客参观，对街区的设施和环境及道路交通方面都带来巨大压力。有时蜂拥而至的人流导致旺季参观历史建筑需要排队数小时，过度拥挤而导致的体验感大幅下降，引发口碑滑坡。有的网红街区是一夜爆红，游客随之暴增，而街区并未预知到会有如此大的客流量，没有提前完善设施，甚至不具备接待能力。比如电影电视剧热映后，彻底带火了某个历史街区取景地，许多旅游平台甚至发布了旅游打卡攻略，结果因为前来打卡的网友太多，产生各种垃圾，破坏了街区的环境，也给周围生活居民的工作和生活带来了许多不便和困扰。过于密集的游客也对街区住户的日常生活形成严重干扰，引发住户强烈反感，严重地挤压居民的生产、生活空间，甚至破坏当地的自然生态环境。当好奇心得到满足、消费欲得到释放之后，人潮退去，留下的景观往往一片狼藉，成为纷扰和负担。游客数量增多还对交通出行造成极大不便，因为人流量太大，造成车堵、人也堵的现象，特别是在节假日，人流量一次比一次创新高，街区车位告急，有的游客驱车前往却找不到停车位，随意停在路边影响了其他车辆的通行，还有游客为争夺车位甚至大打出手，不仅严重影响了道路正常通行，还造成了社会治安事件。对于网红历史街区，游客通常会选择长时间的停留拍摄，有时还会霸占公路拍照，导致巨大安全隐患的存在。

网红历史街区所显现出来的现阶段文旅市场供需匹配问题不容忽视。面对历史街区成为"网红"后带来暴涨的人气，挖掘美景并予以适当推广，无可厚非，但如果街区相关配套基础设施跟不上其蹿红速度，接待能力无法跟上发展需求，

那就是舍本逐末，会导致线下空间消费行为很难转化为实际收益，最终也必如众多网红一样，难逃"见光死"的命运。

三、上海历史街区到网红城市空间的融合路径分析

街区是城市的重要肌理，历史街区更是一个城市的文化记忆。历史街区成为网红城市空间，是旅游消费需求升级、业界供给创新与新媒体营销共同推动的结果，其所凸显的时尚表达方式、新型展示形式、独特体验内容等，是当下文旅产品创新和品质升级的方向之一。要站在城市全局的高度，结合周边区域的空间肌理、建筑结构和风貌特色，充分考虑其功能性和历史文化背景等要素，把历史街区及其周边进行整体性的研究和更新，通过渐进式植入新的功能业态，同时增加绿地面积、拓宽街道空间，从而实现新旧空间共存、古今文化交融。这样，既保护了街区原有的内容，又有新元素的建设，打造混合交融的多样性的网红城市空间，从而更加突出城市特色，扩大城市影响，提升城市活力。

上海历史街区的文旅融合设计需要坚持建构主义的原真性，既让游客得到深度体验，又使文化遗产得到原真性保护。历史街区作为活态遗产，是人们赖以生存的家园，它承载着大量居民的生活状态，在不断延续历史的同时也在不断地进行更新和发展。历史街区中生活的人，作为一个群体，在由建筑、街道等物质遗产组成的场域创造出历史街区特有的文化，即由居民、物质遗产、非物质遗产所构建的文化场。历史街区活态遗产的关键是其生命力，即文化场不断沿着街区原有的厚重的历史文化脉络延续。在中国经济快速发展的今天，外部环境不断为历史街区提供发展动力的同时，也必然会对其原有的风貌和文化造成毁损。在保护与发展不断形成对立的时候，既要保持历史街区的原真性，又要为其提供发展的机会。

历史街区成为网红城市空间，作为见证城市创新形象传播的生动案例，是一个开始，而不是终点。但注意力经济的可持续性是很难保证的，如果徒有热闹的形式，可能只是昙花一现。对此，塑造和推广城市形象时，决不能只顾面子不顾里子，必须做好高质量发展的大文章，从软文化到硬产业，从大城建到微治理，从烟火气到时尚感，方方面面的功夫都不容忽视。

1. 依托历史建筑改造，还原完整街区肌理，形成深层次的文化赋能

历史街区如果能够得到理想的保护与开发，对一座城市而言具有重要的历史文化和商业价值，不但能够丰厚城市的底蕴和气质，也能够带来更多的客流量，带动文旅产业发展，特别是现在互联网信息传播迅速，老地标很快就能成为新网红，从而给城市带来回馈。历史街区成为网红城市空间的背后，是活化历史街区的结果。目前，上海通过原地保护、空间转换等手法，在保留古老的建筑结构和风格的同时，也把分散的、隐性的历史文化资源集聚化、显现化，为市民提供了更多优质的公共空间，丰富提升了城市的文旅产品和文化品位，实现社会效益、经济效益和文化效益的多重统一。要注意不同的历史街区，由于历史年限、文化风貌、地理位置等都不尽相同，采取什么样的模式进行保护与利用，需要结合历史街区的自身情况进行科学谋划和设计，不能盲目复制成功案例。每个历史街区的历史街道、历史建筑是最独特也是最宝贵的资源，街区的更新应尽量保留时间的痕迹，保留城市的历史文脉，保留住旧时代的岁月回忆，使之成为展现历史街区特色的基础。与此同时，要找出历史街区具有代表性的优质资源进行系统性开发，推出独具一格的商业元素，展现历史街区的独特魅力，让传统历史文化在与现代商业模式实现有效融合中焕发时代活力。

历史街区改造应以保护区域历史风貌为根本出发点，基于"整体性、真实性、最小干预、可识别、可逆性"的理念，保护和提升历史街区的内涵与风貌，焕发历史建筑新的生命。历史街区中的历史建筑，是区域乃至城市的文化体系构建不可或缺的部分，保护利用好这些老建筑是非常必要且重要的。一方面合理利用历史资源，另一方面适当增加商业服务配套，保证居民居住权益与游客深入了解历史的双重需求。这样，既丰富了历史街区的生活烟火气，又很好地将生产与生活有机融合，使历史街区内外协调，保持街区与周边环境的和谐关系，弱化街区与现代城市的矛盾态势，不断提高历史文化街区的宜居性，实现历史街区的有机生长和可持续发展。

具体来说：历史街区里的文物建筑应遵循原样保护原则，严格按照古建筑标准进行修缮，恢复其原有性质的功能，或者变更为图书馆、博物馆、展览馆等对公众开放的建筑，让人感受到原汁原味的街区文脉，又赋予其新的使用功能与强度；对于场地中已经不再活跃的历史建筑，可以引入合适的使用者，增加地块活

力，可以将分布成散点状的历史建筑现有的功能中心结合起来，形成多个卫星片区；作为历史街区中数量占比最多的风貌建筑，通常延续原有建筑的功能，尽可能多地保留其地域属性和丰富多样的历史符号，如果遇到了无法维持现状的情况时也可以考虑实施局部保护，其他部分如果能将历史和现代的设计理念巧妙地融合在一起，可以提升这些普通建筑的保留价值；一般建筑同样也承载着现代时期人们的生活记忆，具有独特的社会属性，以空间作为切入点对该类建筑进行适应性再利用设计，保留其原有结构，同时提高建筑的使用舒适度和环境适应度。如果一般建筑处于街区核心地段，则对其进行适当的风貌整饬，缓解其与周边建筑的差异与冲突，并通过立面改造等手段，保持界面的连续性与完整性，使新老建筑在历史街区中和谐共存，尽量避免破坏历史街区历史脉络的连续性。

此外，对历史街区的建筑进行修整，尽量拆去与街区风格大相径庭的建筑元素，优化游览环境，可以使用现代的技术手段，通过 3D、4D 的立体影像展示部分历史生活场景。在不同主题设计的街区中，加入与主题相关的背景音乐，插入沪语日常对话和地方乐曲等，让游客在不知不觉中感受到浓厚的上海海派气息。

2. 注重文化内涵，充分挖掘本地文化，提高街区形象识别性

历史街区本身历史悠久，有着丰富的历史文化资源，包括历史名人、建筑、历史事件和非物质文化遗产等，因此要将街区附带的典型历史文化特征给游客留下深刻印象。应加强本土文化的挖掘与创造，发掘新亮点，讲好自己的故事，可以尝试通过雕塑、复古建筑、特色标识、文化民俗活动等一系列载体向游客传递本土文化的价值和魅力，形成独具特色的文化主题。深入挖掘历史街区的文化旅游资源，将零散的历史文化整合起来，打造历史街区的文化体系，从时间和空间上将文化串联起来。比如：在时间上可以通过打造百年历史长廊，让游客感受历史街区的历史变迁；在空间上将建筑、人物以及事件联系起来，避免割裂地、单方面地看待问题，通过三者的相互作用使历史街区的历史更立体化、故事化，加深游客对历史街区历史文化的感受和理解。

文化才是提升街区魅力的根本，历史街区文化旅游的核心是展现城市文化遗产的特色。在文化内涵的挖掘上，不仅要寻找独有的、稀缺的传统人文元素，也要与符合时代潮流的优秀文化相融合，从历史中寻找传统，从现实中提炼文化，

最终形成街区特色，树立品牌的认知度和文化的竞争力，实现差别化的价值获取和附加利润。在文化内涵的展示方式上，要注意贯穿性、故事性、线索性。参观历史街区时，游客更希望寻找其中的文化记忆，而不仅仅是观看历史街区中的独特建筑。因此，历史街区应根据街区不同的历史文化风格，规划相关的主题文旅线路，指引游客探寻历史人物的创作轨迹、生活踪迹等，将历史街区的历史与内涵完整地展示给游客，让游客每到一个景点就会获得一个尘封在建筑中的历史记忆的故事，了解历史街区中的情感。

此外，上海历史街区的特色在于它的活态性，尽可能保留生活原真性，保留街区原有的功能，新植入的功能应与周围原有功能之间保持协调；在功能置换中要控制更新的比例、筛选功能的类型，功能流线应合理，避免交叉。每一幢建筑、每一条街区的价值不仅仅在于建筑结构、建筑风格和街区格局，更多地表现在它代表了一种活态的文化，是有故事的、有历史的、有文化的、有生活气息的，只有将这些活态的文化挖掘出来，让人们参与其中，深切地感受到上海历史街区文化的不同，才能打造出文化的、多元的、休闲娱乐的历史文化街区，开发出具有上海历史街区特色的旅游产品，为游客提供一种真实的、完整的、历史的上海生活。

3. 保障多元产业及文化共存，多样化历史街区功能业态

随着城市功能、客群更加复合，历史街区原有边界逐渐被打破，业态设置也要革新。历史街区不同于盒子类购物中心，很多历史建筑原本并不适合商业使用，且街区不同区域在通达性、人流渗透性等方面区别明显，因此在业态设置时可遵循"内外有别"的原则。如展示面更好、人流更聚集的外街部分可设置适合引流的休闲餐饮、咖啡饮品、品牌体验型店铺等，相对较为安静的内街可设置对环境要求更高的文化体验类店铺或是改造为兼具文化零售、餐饮功能的民宿酒店。要升级商业业态，调整商业布局并注入时尚元素，更多地引进一些年轻人喜爱的、更时尚的新潮业态。在品牌选择上，应当新老结合，帮助老字号品牌重获新生、新势力消费品牌打造特别门店融入老街。愚园路起初的商业业态更新方式是直接清退商小贩等低端产业，引入高端业态。虽然低端业态增加了街区面貌的杂乱，但这些业态的缺失会造成诸多实际的不便。业态的更新提升会导致居民以前的日常商业需求得不到满足，同时街道上西餐、快闪、社区艺术等新文化的植

入无法满足他们自身诸如对戏曲、饮茶之类传统文化活动的需求。因此,除了持续推动商业创新转型,还要更加关注民生需求。

从街区业态长远发展的角度看,在大力发展文化产业的同时也要注意整体业态多样性与丰富程度。一是注重混合业态在同一空间的运用,如将咖啡文创店与名人故居展览相结合,吸引文艺青年的到访,增加空间的文化氛围;二是注重临时性业态与常驻性业态相结合,可以将节庆民俗活动展示与常规业态进行融合,塑造文化产业品牌;三是可挖掘自身业态的各种形式,丰富业态展示与销售形式,如增加文创的工作坊或者非遗体验馆,可以让游客在观赏展览的同时也能自己动手参与实践。

历史街区中的公共空间的更新设计不仅要考虑旅游开发等商业价值,还要考虑居民生活等社会价值及特色传统等文化价值,满足原住民对生活性业态的需要。相应地,要考虑到使用者类型多元,需求多样,不仅包括消费者和青年人,还有当地居民、儿童和老年人。要注重对原住民传统生活的尊重与保留,既维护居民的利益,同时也鼓励居民在历史街区展现自身生活方式和经营具有街区特色的业态形式。历史街区的功能业态应当复合多元,方能保证满足多元利益主体的需求;街区中丰富多彩的功能为人群的交往活动提供了多样的物质基础,则可进一步提高空间的活跃度。

4. 丰富旅游产品让流量变现,文商旅融合转型升级街区

要大力开发历史街区文旅消费潜力,将历史街区整合周边商圈,带动旅游消费升级,通过打造旅游文化品牌,与周边形成联动,构造新的文旅生态系统。拥有丰富的网红产品资源,有利于让更多游客知道、了解历史街区,扩大其潜在游客群体。因此,利用现有网红产品、加强宣传和推广、提高服务质量,是实现历史街区文旅高质量发展的有效路径。网红街区的魅力除了网红店铺,还有街道空间的氛围,都市丽人、梧桐树、自行车、鲜花、萌宠等一起成为历史街区最美的风景线。历史街区在打造中,建筑受限在前,公共空间的挖掘就变得更为重要。通过设计强化空间的记忆点,举办集市、音乐戏剧、文化分享等各类活动,加强对城市空间的体验打造,为游客提供更多的打卡点。要深入思考如何增强项目体验的新鲜感和美誉度,利用丰富的活动、精彩的体验项目、差异化的主题定位来增加游客的停留时间,满足他们在出行游玩时的好奇心态,

才能更好地帮助历史街区取得成功，避免历史街区流于碎片化的短时效的大众认同。

历史街区的文化遗产旅游产品的核心就是文化体验，历史街区最重要的吸引物除了遗存的建筑，还有曾经真实发生在这里的历史记忆和生活方式。这些深厚的历史文化记忆是历史街区文旅产品的生命力，深度挖掘历史街区的文化内涵，可以延长旅游产品的生命周期。在历史街区文旅开发利用的过程中要重视旅游者的感受和旅游体验的获得，旅游活动的设计要充分考虑旅游者的可参与性和互动性，满足旅游者的个性化需求，进而提升体验深度。历史街区应提供各类"舞台"，让旅游者直接参与"表演"，创造属于旅游者个人的体验经历。在项目设计上要增强文旅产品的参与性，有意识地使旅游者、旅游服务人员、当地居民结合，在项目活动中产生互动，增强体验深度。需要注意的是，在体验式旅游产品的引入和设计上，要充分契合各个历史街区的特点，避免千篇一律的游乐场式休闲活动。要将历史街区的文化、历史和民俗融入产品的设计开发中，让游览者在体验中感受上海的文化、街区的氛围和弄堂的风情。

在引导网红街区发展中，应更加关注文化、艺术、商业与旅游的融合。文商旅的结合，其基本诉求是聚合街区的文化资源、适度补足商业业态、盘活休闲旅游资源。依托文化资源，带活创意产业、特色产业的发展，也已经成为一种街区活化利用的核心策略。以文化为灵魂，以产业为主体，以旅游为形式，通过形成宜居、宜商、宜游的历史街区空间环境，利用城市风貌和文化气质，实现文化、商业、旅游的融合，增强区域引力和竞争力，打造游客能够深度体验、感受城市生活的新场景，进一步丰富业态类别。将文化展示、特色体验、休闲商业和幸福旅游融入历史街区的更新再利用中，实现历史街区的整体复兴。

近几年，文旅业态的历史街区和夜间经济之间也不断地推陈出新，发展势态迅猛。可以考虑在历史街区中优先采纳科技创新演出、博物馆夜游、文化创意集市、不打烊书店等夜间文化活动形式。夜间经济所具有的社交属性，是施行历史街区活化利用的一大目标；夜间经济的文化特色和精神特色，又是历史街区活化利用的价值体现。可以说二者相辅相成，为历史街区的游客提供了 24 小时不间断的游玩体验。文旅融合时代的历史街区，通过将文化、历史、产业、研学、商务等多重资源进行串联，就可以转化成为受欢迎的城市客厅，成为周边客群心之所向的旅游目的地。

5. 创新智媒传播内容，保持创意创新，强化内容吸引力

从游客自主宣传到地方政府主动引导，历史街区正由市场自发形成的文旅热点，转变为地方有意识打造的新旅游吸引物，网红城市空间正在成为各地文旅发展的流量入口，成为城市新地标及文旅新场景打造的重要手段。将历史街区打造成网红城市空间后，当线上的流量转化为线下实际的游客量时，名胜古迹、建筑景观便不再是冰冷的艺术品，而是有了崭新的呈现形式。短视频等新媒体打造出历史街区独特的地方感，提升了游客的旅游体验，丰富了游客对历史街区的感受，还能在短时间内极大地提升城市影响力。

融媒体时代，历史街区形象的传播渠道多元化、内容碎片化，为使受众对历史街区形成积极认知，以及更好地依托融媒体打造传播链，历史街区定位清晰化是重要手段。在"眼球经济"背景下，街区中的历史空间和生活场所正在成为符号化的消费目的地，一些历史街区也被贴上了符号化的标签。然而，一个街区的空间特色不应是单一符号化的，而是动态发展的，既应具有历史的层积性和传承性，也应具有旺盛的时代生命力。

通过活化历史街区原有的民俗活动、展现原住民的生活方式与街区名人逸事等方式，发掘不同的文化触媒空间，例如传统节事空间、文展空间。将无形的文化要素通过有形的手段活化展现，在增加文化资本的同时也可以做到为历史街区增添文化氛围。先以激活街区内重要的文化节点为主，结合空间触媒，形成街区范围内的触媒效应，逐步打造产业集群。

历史街区在进行品牌营销时，要在众多素材中筛选出一批流量与关注较高的网红内容，并在此基础上，自觉发掘地方特色，主动创新智媒传播内容。历史街区间的差异性是其卖点与吸引力之所在，网红街区的生命力亦取决于自身独特的文化底蕴，历史街区本身的价值和意义才是游客的根本追求。必须充分重视内容营销，发掘自身特点，打造具有高辨识度、个性鲜明的文化 IP，运用文化旅游思路展现街区的文化内容，挖掘街区的文化个性，在通过拍摄照片整理素材抓住旅游者眼球的同时，用有思想和有价值的话题来吸引旅游者的内心，如此，历史街区热度才能长盛不衰、历久弥新。

文化遗产的内涵提炼与网络传播的结合，是创造网红热点的源源不绝的生命力。网红打卡地可持续发展离不开文化支撑，在引爆网络热点的同时也要反思和

探索长久的可持续的发展之路。短视频等网红式的宣传，由于缺乏传统文化要素的沉淀，往往具有一定的时效性，对此，就需要依托新媒体技术挖掘历史街区亮点进行深度宣传，充分运用互联网技术，注重从历史街区到城市的文化旅游实施整体的形象设计、包装和宣传，从而提高知名度，增强吸引力。以新媒体技术进行历史街区的营销，就要将街区的建筑场所、历史文化符号打造为文化载体，从而去承载现代化的商业活动，与时俱进，在必须尊重文化传统的同时，重视新技术运营，这样才能够跟上社会变迁的节奏，在历史底蕴基础上进行新技术发展的街区文化才是具有生命力的。

6. 建设大数据开放共享体系，提高历史街区公共空间活跃度

大数据技术的应用为采集和分析街区空间数据带来了新技术方法，帮助发现历史街区公共空间的规律，有效地推动历史街区定量化、科学化的更新。将大数据技术应用到历史街区公共空间活跃度的提升中，将关注点从历史街区内历史建筑、古树、古井、公共设施等的关注转移到这些物质环境对人产生的作用身上，通过大数据对使用者的行为信息的分析，指导物质环境的更新设计，比如一些公共空间的形态对人们聚集活动的影响等，强调了人的需求，弥补了以往关注的不足，可以成为提升历史街区公共空间活跃度的重要依据和决策参考。

利用大数据技术搭建数据的开放共享平台，向公众开放，亦可通过上传制定历史街区保护的法律法规，发动公众力量进行监督保护，推动社会各界利用开放数据开展科学管理、技术升级、业务创新等活动。互联网平台提高了这些历史街区景观的普及程度，且推动了对其保护更新的全民参与。有活力的历史街区公共空间，要依托于当地使用者的真实生活和感受，让公众成为建议者与设计者，通过大数据技术建立公众参与平台，将"以人为本"充分融入历史街区公共空间活跃度的提升中。在大数据时代，在众多新兴技术的支持下，兴起了更多公众参与的方式，如微博、微信、相关 APP 和网页等。

大数据技术为提升历史街区公共空间活跃度提供了新的技术和方法，将现代科技应用到了历史街区公共空间的更新设计当中，让历史街区公共空间一改以往基础设施陈旧破损严重等刻板印象，成为一个跟上时代、充满现代技术空间品质、全面提高充满活力的场所，让使用者的活动更加便捷，生活更加有趣。

7. 整合周边资源，完善公共服务设施，提升历史街区游览氛围

历史街区空间环境的特殊性在于其较高的社会公共价值和人们参与的积极性。由于历史街区时间悠久，存在公共设施种类不齐全和空间分布不合理的问题。要不断升级历史街区管理水平，优化发展基础，强化街区的应急管理能力和常态化管理能力，构建多部门协同的城市管理体系。通过对历史街区的空间改造，如沿街道路体系整治、环境景观重塑、沿线建筑外立面的调整，在保存历史文化价值的同时，让其更适应当下的城市发展节奏。

对于快速蹿红的网红街区，要及时跟进管理，有序引导游客行为。网红街区周边往往存在着交通混乱、道路拥堵、停车难、指引不足、厕所少等问题，故街区的完善首先要改进基础设施和公共服务，营造良好的旅游发展环境，例如卫生环境改造、深度沉浸式体验的打造、旅游服务系统智能化完善以及设施设备的维护保养等。要完善历史街区周边公共交通，从时间和数量上匹配流量需求，加强旺季时段游客引导和客流疏通，提升游客体验感。在现有游客集中的路段，设置警示标识和监控设施，减少游客占道行为，保障游客和过往车辆安全。

其次，文化设施的多少与可以在该街区内进行的文化活动的多寡有关。文化设施较为丰富的街区，可以有更强的旅游吸引力，吸引更多的旅游者，便于扩大历史街区的对外宣传。要利用互联网、物联网、大数据分析等方法，详细分析历史街区内的服务需求、居民特点和现有公共设施类型，并针对性地进行分析和整合，判断使用者所需的公共设施类型和需求量，提出针对相应街区的公共服务设施更新方案，如对活跃度低的公共空间，增加休憩、健身等设施，达到便民的效果，提高公共空间的活力。要通过加强道路导引标识和信息指示建设，完善旅游标识系统，便于游客轻松进入历史风貌区及建筑区域。同时，增加历史内涵的解说展示，可以尝试发挥多媒体等动态旅游服务设施的功能，融入历史文化信息，为游客提供有价值的历史街区的相关信息，也可以将一些有意义的建筑碎片整理分类供游客观览，为游客展示传递历史街区的历史文化和精神内涵。

要加强对历史街区环境的精心设计，从街区内的旅游指示牌、建筑小品、休息椅、垃圾箱到公交站牌、公共厕所等的设计，都要富有人文关怀和街区个性。注重街区内细节的设计，从每一处围墙、门牌号、电话亭到路灯，都要与街区和

建筑的特色相协调，让游客一进入街区就可以感受到浓厚的街区特色，增强对游客的吸引力。

此外，线上的服务亦不能忽视。网红历史街区应及时在旅游网站、旅游软件、微信公众号等相关平台更新景点最新动态，为消费者提供问询、团购等全方位全过程服务。还应设置评价平台，便于大众监督且及时反馈有关信息。

第六章

文创产业驱动下的上海古镇转型升级发展研究

看炊烟袅袅升起，闻顽童三两嬉戏……这带着浓浓乡愁的古镇风光，是人之向往的美景。近年来，小桥流水的江南古镇成为旅游热点，人们似乎在这里找到了家园的概念。而古镇更新这个话题，这两年在上海也非常火，引起社会的广泛关心和讨论。

作为人类文明的一个缩影，古镇在历史长河中所累积起来的丰富人文历史遗产具有明显的地域性和不可再生性。古镇以其独特的文化魅力、历史气息以及至今为止仍保留着的生活方式、生活环境和原住民，吸引着中外游客趋之若鹜。在经济能力提高和出游时间增多的双重推动下，游客的旅游需求日益个性化，对深度、体验等旅游形式的呼声日益高涨，古镇旅游产业急需转型、升级，旅游产品、线路需要深度发展，这也是对古镇旅游个性化需求的回应。

以吴越文化背景下的"小桥、流水、人家"为特色的江南古镇旅游热慢慢兴起，经历了由简单的观光游到休闲度假，再到文化体验三个发展阶段的发展。门票经济主导阶段，兴起于 20 世纪 80 年代，以同里、周庄为代表，核心资源是遗存古镇；休闲消费主导阶段，出现在 20 世纪 90 年代至 21 世纪初，以七宝、枫泾为代表，核心资源亦是遗存古镇；度假与文化体验主导阶段，出现在 21 世纪初，以乌镇，西塘为代表，资源依托文化主题。古镇产品开始强调活态体验，兼顾城镇文化传承，多元运营方式并存，考虑产业集群构建，处于"文、旅、城"融合的文化传承与活态体验阶段。这一阶段代表古镇开始结合传统文化延伸出相关的艺术、戏剧等文化活动，具备较强大的商业开发模式。

但是近年来，大大小小的古镇趋同化现象日益严重。随着竞争日益激烈，在没有找寻到差异化竞争方向的时候，很容易千镇一面，很多古镇还产生了过度商业化、环境恶化等问题，对此一些古镇已在尝试新的发展思路。上海的古镇不可避免地也遭遇了这些问题，亟待转型发展。在物质空间趋同的困境下，深入挖掘地方文化资源、塑造不同的文化体验经历，成为上海古镇差异化发展的核心。

一、上海古镇现状

近年来，很多江南古镇已开始深入挖掘自身文化特色，以探寻转型升级之路，例如周庄的"艺术"、乌镇的"戏剧＋互联网"、西塘的"生活"等，在挖掘文化以促进旅游开发的同时，文创产业也随之聚集，并成为新时代古镇发展的重要驱动力，与旅游业相互促进，共同推动古镇转型升级。上海很多古镇也一样，在古镇传统文化基因的基础上融合了创新创意元素，并将其植入、融合、渗透到古镇发展的各领域，以发展文创产业为内生驱动力，形成古镇产业发展新模式与新形态，进而促进古镇转型升级。

在上海这些古镇融合传统文化和创新元素发展文创产业的过程中，传统文化底蕴为文创产业提供了文化基础支撑，而文创产业基于对古镇传统文化的传承，注重创新文化与传统文化的融合，为古镇带来了持续的生命力。同时，古镇因其特色风貌、区别于都市的传统生活方式及较大的知名度吸引了大量人流，为文创产业中的体验经济、休闲产业等带来了量度优势，而文创产业的人流度优势又反过来促进了古镇的旅游发展。文创产业与上海古镇的互动发展，带动了古镇的差异化发展，推动了上海古镇的转型升级，进而引领了上海古镇冲破发展困境。文创产业驱动成为上海古镇转型升级的新路径。

上海与江南及其他地区一样，由于受自然灾害、战争破坏、风雨侵蚀和过度开发等因素影响，原汁原味保留至今的古镇已经相当有限。上海古镇整体转型升级的发展也不早，周庄、同里、乌镇、南浔等长三角一系列水乡风景区成熟之后，上海的古镇景区建设才逐渐起步。至今历史文化环境保存仍较完整的上海古镇除朱家角镇外，还有青浦的金泽镇、练塘镇、白鹤镇、重固镇，闵行的七宝镇，嘉定的南翔镇，浦东的新场镇，松江的泗泾镇，金山的枫泾镇等。这些古镇都有完整的古街形式，有寺庙、桥梁、民居、店铺、茶楼、酒肆、园林等历史文化遗存。

近年来，在古镇更新方面，上海有了非常大的起色和改变。枫泾镇早在几年前就喊出打造"特色镇"的口号，枫泾"科创小镇"建设如火如荼，逐渐让千年古镇焕发出新的活力。青浦区对于古镇开发的着眼点是区域均衡发展，考虑把朱家角镇、金泽镇、练塘镇联动开发。

1. 江南古镇的保护和开发已有多种模式

目前江南古镇的保护和开发已有多种模式，大致可以归纳为周庄模式、南浔模式、乌镇模式等。

周庄开发依赖当地政府，采取了边开发边保护的方式，不大量迁徙当地居民，维护一部分古民风的生存模式。但周庄模式也存在许多弊端，由于古镇沿街

图 6-1　周庄

民居几乎全部变身为商铺，全民皆商，过度商业化使古镇古朴的氛围受到影响。古镇保护与开发的失败妥协最终造成了商铺林立、开发过度，周庄商业气息的浓重使得很多游客将其抛弃。沿街的房子也被充分挖掘，一溜一溜的商铺摆开阵势，兜售着已经变了味的水乡特产：你可以看到一整条街挂着相同的招牌在卖万三蹄髈或者是肘子肉，这里彻彻底底成了一个景点化、商业化、公园化的旅游项目。（图 6-1）

南浔当地政府将经营权出让给旅游开发公司，开发公司通过自身优势，利用大量资金，对南浔精心整改，投入市场。在开发前期对古镇风貌进行了相当力度的修复，包括修复文物保护单位及一些清末民初宅第，修复沿河建筑及能反映古镇风貌的区域，来保护古镇历史空间形态，整治周边环境等。但与其他的江南水乡古镇相比，在景观上存在较强的替代性。整个景区建设起规范的商业活动，参与这些活动的都是南浔当地的古镇居民，南浔整体的人文环境没有受到影响。（图 6-2）

图 6-2　南浔

乌镇模式是由政府主导的项目公司为主体的江南古镇开发的模式，采取了先规划后发展的方式，实行保护与开发并举、以开发促进保护，打造博物馆式的古镇以及原汁原味的保存。为了保护古镇整体风貌，乌镇采取全部清空、整体开发的方式，从开发伊始就禁止居民经商，收回了店铺产权。这是典型的空心化开发，原先居住在古镇保护区内的居民全部迁往他处，也不允许居民在沿街的房屋进行商业活动。这种做法损害了居民利益，使得乌镇少了江南古镇的生活气息。空心化开发看似保存了古镇，但却丧失了鲜活的生活气息和悠然神韵。（图6-3）

图 6-3　乌镇

2. 上海古镇更新现状

（1）新场古镇

为落实乡村振兴战略和"上海文化"品牌建设，新场镇以"古镇＋文创＋乡旅"为主线，将古镇非遗、手工技艺和传统文化串珠成链，形成了以"文创新场"为品牌的系列文创产品。新场文创产品有新场自己开发的反映古镇历史文化的文创产品。比如：反映新场盐文化（图6-4）的"熬波煮海"盐罐、"千秋夜月"青花瓷茶具等；以洪福桥为造型、体现新场"201314"邮编"爱的主题"的马克杯；还有经授权的文创产品——"凤竹"提梁扁壶、"仙桃"茶叶锡罐、"佛手"盖碗套装等。还有村民自己制作的手工产品：新南村乡创中心的年轻创客们通过将现代时尚元素注入传统文化，使新场的区级非遗土布焕发活力；有着20年历史的彩豆画，由新场坦直小学美术教师研发而成，选用颜色、形状各异的五谷杂粮，制成各种图画，获得过国家专利，曾出口意大利、德国等30多个国家，受到普遍欢迎。此外，还有面向长三角、整合资源开发的手工文创产品。比如开在新场古镇上的原路文创店，是一个长三角的文创联盟平台，在杭州有多家门店，其推出的十二生肖香囊产品是云贵扶贫项目之一，通过设计师改良设计并推向市场，带动了当地千余名农村妇女致富。

新场镇还连续3年举办文化体验季，通过文创、乡创、田创等主题，推出主

图 6-4　新场盐文化

题展示展览、重点文化活动、线上线下互动体验活动等。在老宅中看一场沉浸式的园林实景剧展览，带着浮生一梦的韵味感受"崇文尚德、承古更新"的新场精神；举杯向月，吃一樽宋代点茶的好味道，品一杯粉红色的桃花酒；看一曲国家级非遗锣鼓书表演唱《新时代新征程》，感受时代礼赞；挑选一件用 3D 打印复刻新场旧时十景风貌的台灯，收藏一枚取形自三世二品坊牌楼的黄铜书签……这么多的选项让游客们在体验之余对古镇新貌留下更深刻的文创印象。

　　新场的古镇老街文创集市、兰文化主题展、木雕根雕展、民俗嘉年华等，其展示陈列方式一点不输给上海市中心城区的文创园，给游人带来特别的文化体

图 6-5　新场"缶+文创体验空间"

验。新场镇还积极打造"缶+文创体验空间"（图 6-5）、"新南乡创中心"等一批家门口的文化客厅、创客之家，发挥示范引领和平台集聚作用，吸引一批年轻人回归古镇、重返乡村，以此带动古镇更新、乡村振兴。

　　新场镇则开始了更新

的第一步——"藤—叶—瓜"的形态打造。"藤"是道路河流，古镇道路河流经过整治，恢复了原有风貌，成为游客的行走脉络。"叶"是散点分布的各种业态，一条街上相邻的几户人家，有的开店，有的仍是原住民居住。"瓜"是为未来开发保留的一些较大空间，有大空间，才有可能在未来承载博物馆、秀场、剧院、画廊等高端业态。在"藤—叶—瓜"的开发模式下，新场全盘保留了古镇风貌，又融入新的生机。古镇原住民保留 60% 以上，古老生活方式与现代商业形态并存。请来国内外著名的设计师、年轻艺术家，挖掘古镇已有的自然和文化资源，设计展示携带"新场"基因的产品。

（2）川沙古镇

川沙有着老城厢数百年的城市肌理以及保存较好的历史文化遗存，具有重要的保护利用价值。2014 年，川沙古镇被评为"国家历史文化名镇"，与上海其他九大国家历史文化名镇不同，川沙古镇具有"风水堡城、海派营造、名家故里、戏曲之乡、宗教遗存、浦东之根"的特色价值，是一处传统文化、红色文化、海派文化和西方文化交融之地。川沙古镇，至今仍保留着方形城池、护城河环绕、城外街市的完整格局。城内中市、南市、北市、西市，呈双"十字"古街，延续清末民初江南传统街市风貌。（图 6-6）城东护城河外有东门外街，留存着城外延厢的历史格局。沿浦东运河西岸有 700 米长的护塘街，承载着浦东地域从宋代捍

图 6-6　川沙街市风貌

海塘到明清街市的千年变迁。同时，川沙古镇周边水系发达，四方城池及东西南北一角都有通城河道与外相连。古镇东南隅遗存有明代的古城墙，见证着曾经堡城的历史，内有一段 60 米长的明代古城墙，是上海至今保存最好的较为完整的古城墙之一。

川沙自古为商业大镇，清代"市集商店林立、百货骈臻"，主要有米行、布庄、南货、药铺、茶馆、油坊、典当等二三十个行业。中市街、乔家弄为闹市，店铺规模大、户数多、商业繁荣，也是目前古镇内保存较完好的区域。近年来，当地政府对中市街、南市街进行了整体环境修缮，建筑立面整饬一新。北市街在20 世纪 70—80 年代曾进行过拓宽，东侧建筑在那时进行了改建，仅存西侧的传统店宅，故呈现如今"一街两貌"的特征，具有鲜明的时代发展识别性。西市街至西门一段曾有"九庙十三桥"之说，如今沿街传统民居和店铺仍具一定规模。

川沙古镇很特别，在中国传统建筑文化的影响下，当地建筑受安徽、苏北、太湖、吴越等地区的风格影响，呈现交融的特色，被誉为"浦东城市发展的年轮"。整个古镇其实一直存在一个生长的过程，所以中市街既有传统民居的形式，也有受了近代风格影响的建筑格局。川沙历史文化风貌区内沿街建筑仍保留民国时期原状，多处宅邸中西合璧，甚为考究，反映了浦东第一大镇的历史风貌。

近几年，川沙古镇已经完成古城墙、内史第、小火车头、飞虹复道、丁家花园、朱宅、陈宅、以德堂以道堂、陶桂松精舍、城隍庙、关帝庙、财神庙、天主堂、川沙抚民厅公署等历史建筑的修缮，大部分已对外开放。老街招商率已达98.2%，主要涉及文化酒店、文创、餐饮、休闲和运动五大类业态。

在古镇几处修复的老建筑里都有二维码，不用树碑立传，通过互联网技术就可以静静品味古镇深处的记忆。几条老街早就修缮完毕，尤其是中市街，老祖禅堂的戏台和老街上的特色菜饭都吸引游客排起了长队。东城壕路上有咖啡西点、龙虾花甲、书店花艺、折扇香粉等文创店。川沙是沪剧东乡调发源地，川沙戏曲有一个深度体验的场所——川沙戏曲艺术展示中心（图 6-7），展馆内从各角度全面展示沪剧在川沙、在上海的发展及历史。川沙营造馆则通过"一把泥刀走天下——川沙营造业溯源""'浦东鲁班'一代宗师——近代上海营造业领袖杨斯盛""筑造远东第一大都市——上海名建筑与营造企业家"三个部分，以视频、实物、史料等较全面地展示了川沙营造业的形成和发展历史、在上海市建筑界的地位及各个时期的代表人物。（图 6-8）川沙还组织古镇文创企业参加中国艺术节演

图 6-7　川沙戏曲艺术展示中心

图 6-8　川沙营造馆

艺及文创产品博览会，加快古镇文创产业集聚。

（3）泗泾古镇

作为国家级历史风貌区，泗泾下塘于 2017 年 5 月启动古镇保护与更新利用工作。2019 年已完成修缮程氏、管氏、孙士林宅 6 处，大得同地块内 18 处，林立地块内 1 处、2 块石碑等文物。剩余 25 处有宅院形态的文物建筑，以及石桥武安桥、普渡桥等，修缮方案设计工作也已全部启动。在下塘建筑的保护工作中，泗泾镇重视修缮后的更新与利用部分。

根据最新规划，古镇商业街引进古迹保护的高校项目、新概念书店、非遗实践基地等，一批文化、文创业态将在泗泾古镇亮相，成为文创的集聚区。程氏宅将落地云间草堂（茶文

图 6-9　泗泾古镇文创业态

化研究中心）暨雅镇泗泾乡音茶馆项目，包含茶文化介绍、茶具展示、茶艺表演，琴道、香道、花道及书画、菖蒲文化展示等。在孙士林宅成立文化遗产保护创新实践基地，展示各类古建筑的构件、木料，定期举办讲座等文化活动。管氏宅落地南村映雪书店暨雅镇泗泾古镇书屋项目，入驻"南村映雪"新概念书店、上海音乐学院非遗实践基地（十锦细锣鼓）、郭树荟工作室、上海视觉艺术学院文创空间等。（图 6-9）

（4）召稼楼古镇

为把各项资源亮点无障碍地串成线，实现集中利用，优化产业布局，召稼楼古镇所在的革新村实施了较大规模的宅基地集中归并，将原本分布零散的 17 个自然农居点，按照"留、改、拆"的分类原则，建成 2 个集中居住点。村宅归并后，区域按照"一廊三产一空间"布局。"一廊"即文旅走廊（图 6-10），打通"革新村—农业合作社—召稼楼古镇—上海戏剧学院—浦江郊野公园—长寿禅

寺"旅游支线,实现"古镇、农村、农田"三大资源产业联动;"三产"即古镇、上戏、文创,以召稼楼古镇旅游为基础、以上海戏剧学院为智库,引入第三方优质资源,做优做强第三产业,实现召稼楼古镇旅游 2.0 版本;"一空间"即艺术 BLOG 空间。经归并,61 幢闲置民房资源通过村集体土地作价入股,市场化公司负责资源导入,开展艺术 BLOG 项目,计划打造新农村文化和上戏影视技术研创等一体化艺术基地。

二、上海古镇发展困境

客观地说,上海古镇和欧洲那些老街区、古城区相比,文创的融入度还远远不够,从景点、活动、礼品到店招及产品陈列,雷同的非常多,还未形成成熟的旅游景区。而且古镇密集分布,空间距离较近,激烈的竞争在所难免。各个古镇或多或少出现了文化景观消退、旅游开发过度、缺乏特色经济、旅游资源同质化、资源利用不集约、古镇营销力度不够、空间承载超负荷、商业化发展失控、周边土地资源过度开发、古镇生活景观消逝、无序乱搭乱建等问题,

图 6-10 革新村文旅走廊

让古镇发展步入十字街头的踟蹰,因此上海古镇转型升级任务还是十分急迫的。

古镇的商业旅游发展了,可是水乡闲适有序的生活却变了味道。旅游资源同质化、空间承载超负荷、商业化发展失控、周边土地资源过度开发、城镇生活景观消逝等问题,让古镇发展步入十字街头的踟蹰。古镇里面没有能留住人、让人

能惬意地消磨时间的东西。

1. 东西部区域存在不均衡发展，保护与开发方法的单一化

上海在古镇保护与开发上存在着东西部失衡的问题，西强而东弱。西部的朱家角镇是市政府投入巨资着力打造的一个文化品牌。除朱家角外，练塘镇、七宝镇、南翔镇等古镇基础较好，吸引不少游人。相比较而言，上海东部地区在古镇保护与开发利用上却显得沉寂，未能形成上海整体互动和联动效应。当然，东部也有较为繁荣的市镇，如新场镇、周浦镇等。

古镇是在千百年的历史发展进程中逐渐形成的，每一个古镇的风格和建筑语言都有自己的特点，具有鲜明的历史性特征。对古镇的保护与开发应该因地制宜，还其本来面貌，不可失去历史真实，更不可将古镇风格定格于某一个历史时期上，变成千镇一面。在上海古镇修复中，曾出现一种倾向，都以明清老街为样板，结果削弱或失去了自己的特色。比如七宝镇的明清建筑毁损严重，老街上的建筑基本上是民初时建造的，修复时本应力求保留其民初风格，但在七宝镇老街修复的一期工程中，却一味追求明清风格，致使古镇历史面貌严重受损。这说明在对古镇保护与开发的认识上还存在着偏差，陈旧的观念、落后的认识和错误的定位是古镇保护的大敌。

严格说，上海的古镇都不古，并不是修旧如旧就有原来的特色，仿古的东西复制后反而更难看。古镇保护和建设过程中，生搬硬造的假古董无法激发人们的共鸣，没有对历史、对先民生活的尊重，也就构不成乡愁。

2. 古镇规划缺少科学意识，建筑保护没有得到应有的重视

大多数古镇坐落在公路两旁，常有宽阔的公路将古镇分为两半，例如青浦练塘镇老街被老朱枫公路一分为二，形成十字形，原有古镇格局发生变化，有不协调感。又如金泽镇，外有沪青平公路与古街平行，内有商业街金溪路与古街成十字形，古镇由里向外扩大，使古镇风貌的保护岌岌可危。造桥修路是一把双刃剑，它是现代化建设和经济发展的必然需求，但如果处理不当，就会给生态环境和古镇保护造成负面影响，在保护与开发之间形成尖锐矛盾。

要提升古镇基础设施水平，就需要对古镇进行更新。无论是在城市还是在古镇生活，人们都有现代化的需求，但留住"古"味——保持原有的建筑风貌和生

活方式不容易。一些古镇缺乏整体规划，个别商家兴建洋楼别墅，破坏了古镇的原始风貌。古镇更新面临着现代基础设施建设与传统建筑保护两者关系如何平衡的难题。用传统工艺保持古镇原始风貌，虽然成本高、费工夫，但更具特色、更有价值。如 20 世纪 50 年代之前川沙古镇内超过 60% 的历史风貌建筑得以留存，但是 2005 年上海市政府公布 32 片郊区历史文化风貌区时，仅将川沙古镇的东北片（主要体现的是民国至解放初期的传统风貌）划为"川沙中市街历史文化风貌区"，没能对川沙古镇完整的历史格局予以保护控制，忽略了自宋代至今千年的演变痕迹与脉络。

传统民居是上海古镇景观构成中不可缺少的组成部分，是古镇价值的体现。然而由于大部分传统民居个体并非建筑中的精品，它们的保护往往没有得到应有的重视。由于当地居民缺乏维护传统民居的经费，许多建筑面临着建筑结构和材料上的老化和破损，建筑内部的许多特色构件已残缺不全，惨不忍睹。由于当地部分居民保护意识薄弱，许多传统民宅虽然有幸留存下来，往往被改造得面目全非，还有一些则干脆推倒重建为小洋楼。

在追求利益心理的驱动下，在古镇开发中出现了许多对古镇大刀阔斧的改造和新建。开发商觉得 100 米的老街不够抓住游客，硬是增长了老街，鳞次栉比的仿古建筑竖了起来，眼见古建筑适应不了商业化的进驻，就又拆了依样画葫芦重建。把古镇推倒再建的开发方式是一种建设性的破坏，比起自然、历史下的风化、侵蚀来得更彻底，而且无法挽回。

3. 同质化竞争损害整体利益，过度商业化成致命伤

上海古镇的旅游发展定位大都围绕在"水乡"上做文章，定位趋同，"小桥、流水、人家"的江南水乡已成为游客对古镇总体且唯一的印象。各古镇之间虽有丰富的物质资源与文化根基，已分别形成了商业古镇、居住古镇、宗教古镇等特色发展模式，但是缺乏联动和互通，在景观、旅游项目上仍存在较强的替代性，存在景区风貌、经营模式、经营项目雷同的问题。

上海古镇旅游大都是走马观花的古镇观光，走一条或几条老街，看几所大宅、花园、古桥，坐片刻小船，或观赏一场民俗表演，吃一餐水乡饭，逛些丝织品、剪纸、糕点等旅游品小店，所买的旅游纪念品也无非是松糕、云片糕、芝麻糕、蹄髈、酱菜、扎肉、米酒、蓝印花布等。（图 6-11）这些在相同地域文化作

图6-11 旅游纪念品同质化

用下分布密集的水乡古镇，在城镇景观上存在较强替代性，其特产、特色小吃、传统手工艺品零售以及客栈等旅游业态也都相差无几，旅游经营缺乏亮点，旅游主题重复，产品单一，不能清晰地反映出经营上的差异化，缺乏亮点与特色。游客刚到古镇时觉得挺新鲜，逛了一圈发现古镇从街道、建筑到街边的店铺商品，大同小异，你抄我，我学你，样样有，样样没特色，就觉得视觉疲劳、索然无味了。相似的旅游产品，容易引起旅游观光的体验怠倦，古镇同质化竞争导致整体利益受损。

很多上海古镇还随处可见店铺、广告、招揽生意的人，街道成了卖场，显得拥挤而浮躁。商贩兜售着各地特产，有西藏绿松石、俄罗斯套娃、缅甸玉器等，天南海北什么都有。如果一个古镇绝大多数空间都用来向游客卖东西，那就是过度商业化了；如果把古镇街道当成了大卖场，就属于过度开发了，游客来古镇旅游不是为了观赏商铺。店铺泛滥不仅破坏古镇风貌，恶性竞争也使旅游环境日益恶化。不少居民开店后又租给外地人经营，"小桥流水"依旧，而"人家"不在，商业气息过于浓厚，水乡意境渐失。全民经商、破墙开店，是过度追求经济利益的表现，过于浓厚的商业气息，不仅改变了古镇的外在面貌，也使其内在性质发生了变化。

千人一面的古镇样貌、千篇一律的运作模式，让古镇旅游成为一次性消费。古镇的日益趋同与过度商业化，使其难以给人留下深切且与众不同的感受，易使游客产生"古镇都一样"的直观感受，从而导致其吸引力不足、发展受阻。转型发展迫在眉睫，寻找差异化的发展之路成为上海古镇转型升级的必然选择。

4. 本土文化遭遇生存危机，社会公平受到严重威胁

过度商业化、产品雷同引起旅游观光者的审美疲劳，古镇吸引力下降，不少古镇转而进行以文化、艺术等为主题的商业开发。朱家角镇的尚都里、四民会馆都是集观光游览、特色商业、文化展示于一体的综合性空间，这些新的文化消费空间能够在一定程度满足现代人的怀古之需，而且这些精心装饰的文化馆、精品店还传递着时尚的气息，似乎为古镇注入了新的元素。但我们会发现，这些也不过是一出出热闹的表演：一些精品店里在出售云南的特色手工艺或藏银饰品，另一些文化馆里摆放与古镇文化毫无联系的现代雕塑装置，一边传统渔歌刚落音，另一边现代音乐又来和，让身处古镇的人们感觉新奇却摸不着头脑。这种成规模地、有计划地文化消费、娱乐消费，与本土文化还有几分联系？

在现代生活方式转变的背景下，传统民俗文化的生存状态已令人堪忧。作为传统文化的空间载体，古镇理应担负起培育、滋养传统文化的大任。旅游发展遭遇瓶颈在于观光旅游过于粗放、过于物质，难以满足人们所期望的精神体验。简单地转向现代的艺术、高雅的艺术和高价的艺术品是否能够解决问题，本土文化又被放置何处，值得深思。

此外，古镇的发展转变过程中，吸引了众多有实力的经营商、开发商，这些商家为古镇热闹繁荣的景象做出巨大贡献。但随着相对高价的餐饮设施、特色商店、文化展馆进入古镇时，面向当地居民的商铺数量继续减少，而且他们还不得不面临日常生活必需品价格和生活费用的上涨。

另一方面，古镇内的文化设施和休闲设施渐渐增多，但经营商、开发商进行投资活动的目的在于盈利，这些场所的高价格会直接将当地居民拒于门外。此

外，古镇所发展旅游房产大都占据风景优美的地区而且设施齐全，与古镇内尚未完全改善的传统居住条件形成强烈对比。这些贫富不均、资源不均的问题都将使古镇的社会公平遭受严重威胁。

为了适应新功能的进入，不少古镇都在进行大规模的历史空间再利用和新建设项目。游客量增长与扩张空间规模之间存在紧密联系，贸然进行的空间扩张存在风险。而且，古镇发展条件和发展思路很相近，现在观光旅游转向文化休闲已成为不少古镇的选择，若不前瞻性地进行错位发展，未来势必造成再一轮的同质竞争。

5. 人口流动带来社会结构变化，原住民外迁使得人文环境逐渐变质

古镇人口结构总的来说，呈现本地人口大量转入新区、外来暂居人口进驻古镇的状况。古镇传统民居难以灵活适应现代化生活的需求，古镇生活对年轻人的吸引力越来越小，导致原住民流失和老龄化、空巢化现象突出。本地居民的迁出使得古镇原有社会组织结构逐渐解体，外来人口的暂居虽然给古镇带来了暂时的人气，但是社会网络的脆弱和不稳定也给古镇的更新带来了困难，同时，房屋产权的复杂化也为历史建筑的维护和修缮造成诸多羁绊。

作为古镇主体的人——古镇居民，他们对古镇更新所采取的态度、价值取向及道德观念等，直接或间接地影响到古镇文化的保护和开发的成效。如今，越来越多留在老屋中的房主乐得将沿街或底层房屋出租给外地人开店，赚取租金。大多数沿街住宅改造为店面，古镇原汁原味的生活场景一去不返。白天熙来攘往的街河，到了夜晚灯火寥寥。修缮后的老屋里承载的是星级酒店的奢华，高档商业模式排挤着大量富有地方特色的小本生意，也排斥着生活在这里的小镇居民。古镇不再是生活的家园，而成为都市一族怀古休闲的另类场所。

在进行改造的同时，传统的文化氛围也在一点一点被剥离开去。当剩下唯有物是人非的历史空架子的外表下时，古镇就死了。

古镇中需要保护的内容，不仅有物质的、实体的，同样也有非物质文化和传统的生活方式，这几个方面缺一不可。进了一个古镇，如果没有老头、老太在晒太阳，石桥边没有人打水淘米洗衣，你会觉得走进的不是古镇，而是一个仿真的博物馆，用时髦的话说就是一个主题公园。物质的保护反倒容易，传统生活的保护是最困难的。现在有些老人留恋传统生活方式，他们不愿意离开古镇，这本身

图 6-12　空荡荡的古镇里无所事事的老人

就构成了古镇最鲜活的一景。这些老人过世之后，传统生活没有了，古镇的文化价值也就大大降低了。（图 6-12）

6. 生态环境状况不尽如人意，配套设施不完善

生态文化是古镇文化的一个有机组成部分，但目前不少古镇的生态环境不容乐观。建筑杂乱，河水浑浊，绿化覆盖率低，居民和管理者环境意识差，缺少统一规划和管理。人为地填河修路对古镇破坏也相当严重。大团镇运盐河贯穿全镇，具有较为完整的江南水乡市镇格局，可是在 20 世纪五六十年代的改建中，运盐河被填平改成马路，古镇面貌因此荡然无存。部分古镇最富特色的水环境污染十分严重，本应水清鱼跃、碧波荡漾，可是实际上河流有的变绿变臭，有的漂浮着许多垃圾。有的古镇保留有一座座优美的拱桥，但桥下面是黑绿色的河水，

这种生态环境还有何美感可言？（图 6-13）自然资源是商业化推进中的重要基础，保护好自然环境也就是保护好具有潜力的开发资源；同样，没有了自然环境这一依托，再具魅力的建筑或是传统文化都会黯然失色。

近几年，前往古镇旅游的游客越来越多，对古镇基础设施的接待能力提出了新挑战。有的古镇基础设施薄弱，通往古镇的小路坑坑洼洼。环境卫生工程不健全，生活废水废渣污染严重。旅游基础设施配套不完善，如旅游餐饮、住宿档次低、条件差，住宿的小旅馆感觉很久没更换床单，公厕也非常难找。更让人担心的是，古镇基础设施本就老旧，加之建筑越来越密，维护不到位，有很大的火灾隐患。由于缺乏完善的管理和监控措施，古镇中不少历史建筑毁于自然灾害，如火灾、水灾、白蚁等。一些古镇发生过火灾，不仅危及居民和游客的生命财产安全，也给具有历史价值的古建筑造成损害。如练塘古镇前进街 132 号的郭氏民宅

图 6-13 古镇河水浑浊

虽已列为区级登记不可移动文物，却不幸毁于大火。

古镇原住人口的流失是不争的事实。强化古建筑、设施的保护是一方面，但是同样应该强调古镇人口的回聚及古镇生活气息的复兴、生活质量的提高。

三、上海古镇转型升级策略

随着上海"文创50条"政策的公布，文化创意产业已成为推动上海经济社会发展的一个非常重要的选项。数据显示，我国文创产业增速近年来一直高于同期GDP增速，在创造经济新增长点之余，在产业融合、促进消费、扩大贸易、推动产业转型等方面的贡献日益凸显，成为一条已被欧美国家成功证明的"文创振兴之路"。在上海诸多的古镇老街，举办文创展示活动，是加快上海文创产业的一个崭新途径，也是提升城市文化软实力、深化上海文创产业的一种全新尝试和推动。

在挖掘文化以促进旅游开发的同时，文创产业也随之聚集，并成为新时代古镇发展的重要驱动力，与旅游业相互促进，共同推动古镇转型升级。要想在江南古镇中独树一帜，挖掘文化特色则显得尤为重要，只有富有特色的文化内涵才能使人深切地体会到上海古镇的独特魅力，才能利于提升感知形象和突显自身特色。而在文化特色的基础上延伸的文创产业，则能促进上海古镇各领域的可持续发展，进而保持上海古镇的旺盛生命力。上海古镇应在挖掘自身文化特色进行古镇旅游开发的同时，着力发展文创产业，谋求差异化的转型升级，从激烈的江南古镇竞争中脱颖而出。

上海要创建全球科创中心，要建设国际文化大都市，需动员最广泛的人群，利用全市各个有形的场所和公共空间，当然包括郊区和古镇老街，共同推动文创产业的发展。因此需借助文化活动的广度，去盘活遍布郊区的古镇老街资源，通过有组织的创意策划，以文创产品及展示的魅力与新意，吸引市民和游客参与进来，激发起市民支持参与文创产业的热情，焕发文创的新活力。让贴近市民的文创参与社会服务，促进文化产业与社会良性互动。而这样做，既能满足百姓精神文化需求，又能激发旅游市场的活力，助推上海郊区的文创产业不断发展。

当古镇原有发展模式遭遇瓶颈，就必须从发展思路、文化创新等方面进行积极探索合适的发展策略。上海古镇转型升级发展模式，即以文创产业驱动古镇转型升级，为上海古镇的传统文化基因融入创新创意元素，发展文创产业，并将文创植入、融合、渗透到古镇发展的各领域，形成以文创产业为内生驱动力的古镇发展新模式与新形态。文创产业与古镇的互动发展，可以带动古镇的差异化发展，推动古镇的转型升级，进而引领古镇冲破发展困境，文创产业驱动成为古镇转型升级的新路径。

1. 挖掘古镇文化底蕴，古镇更新要凸显地方特色

上海古镇文化有其共性，又有独特的个性。在保护与开发中既要保持其共性，又要突出其个性。由于建镇年代不一，其建筑风格和历史遗存各具特点。有的古镇年代比较久远，其历史文化氛围或具宋元遗风、或具明清范式，有的古镇兴起较晚，则具有晚清或近代风格，在保护性开发时应尽可能保持原样，不可人为地整齐划一。

地理环境的差异也使上海古镇呈现出不同的风格特点。上海西部青浦、松江一带的古镇与浦东南汇、川沙一带的古镇在建筑风格上就存在差异。上海西部的民居与苏州的民居建筑风格较为接近，而浦东地区的民居却更接近皖南民居的建筑风格，四合院有高墙围合，风火墙或如梯形或如裙形高出屋面，院落正面整体呈方中带圆之势，屋顶坡度较大，墙体低矮。如果在保护与开发中也一律将其改成飞檐翘角、亭台楼阁的建筑形式，必然会弄巧成拙，使之失去自身的历史地域风貌和文化价值。

古镇人文环境也有所不同，有的宗教文化色彩较浓，有的商业文化味较重，有的人文底蕴较为深厚，从而形成了各自的特点。例如，嘉定古镇，以孔庙为中心的古建筑群形成了浓郁的学术文化氛围；青浦金泽镇则自古以来宗教文化根基较深；又例如，朱家角镇、七宝镇则商业文化较为突出。总之，各镇应该根据本身不同的文化特色突出个性，扬长避短，展示其独特的魅力。除少数极具代表性、保存较完整的历史城镇需要当作"活的博物馆"保存，大部分上海郊区的历史城镇还是应以满足古镇居民的经济、社会生活为出发点，突出其在地方社会文化发展中所担负的重要职责。

2. 保护古建筑，保护与开发并存，多元营销模式

在修复古镇风貌的时候，很多古建筑由于风雨侵蚀、自然物理等诸多因素的影响，有损坏倾塌现象，要防止由于无知或急功近利造成对建筑、拱桥等的破

坏。要针对不同情况的郊区历史城镇采取不同的发展保护措施。

此外，要注意防止人为的破坏。很多古镇因资金有限，一些老宅主人以很低廉的价格租赁给外来人员；有的宅子卖了之后没人管理，已成为附近居民的垃圾场甚至茅厕；还有一些原住民，为改善居住条件在古民居中搭建厕所等附属用房，甚至拆除古民居另建新房，造成了对古镇空间环境的破坏，他们的日常生活起居对老房子本身也是一种极大的破坏。

古镇更新躲不开现代化的潮流，新的东西、新的人群、新的生活方式的引入可能会消解和稀释原有沉郁的地域特色，可能冲击原住民的生活。在古镇更新中，应注重对居民利益的保护。古镇居民追求现代化的需求，要对老房子内部进行现代化的改造，使原住民既可以享受现代文明带来的便捷，也可以在富于历史底蕴的环境中自在生活，不会因其功能落后而选择迁徙。既能使古镇得到有效的保护，也能使游客领略到原汁原味的古镇文化，从而达到留住人、留住文化的目的，用充满生活气息的"活的"古镇作卖点，吸引更多的人气。

从近年来的一些实例中可以总结为，保护古镇，开发新镇。开发新镇并非再造出一个仿古镇。其实古镇并不单一是一个被孤立的地方，它连接着周边一些民宅、小镇。要寻求差异化的竞争优势，一方面要保存自身的独特性，另一方面要开拓区域的功能性。如将规划区域放大到周边地区，一方面可以为核心古镇设置一条天然的缓冲带，免遭外界开发的影响，一方面可以拓展古镇的商业用途，增加其开发差异化的可能性。

江南六镇结成联盟，如今形成悠远乌镇、生活西塘、财富南浔、商气周庄、文脉甪直、智慧同里。要走出单一的营销模式，借鉴六大古镇的经验，做到区域联动，发挥各自优势，江南古镇才能焕发新的生机。

对于古镇旅游，新时代的水乡古镇旅游更应当由一镇一家单打独斗、互相比拼，转为联手合作，结成水乡联盟，联合开发、资源共享、优势互补，形成水乡网络旅游，构建大水乡旅游联合体。古镇不应该互相效仿，而是应该形成各自特色，从而将其联合起来推向世界。

3. 杜绝商业泛滥，避免陷入同质化竞争中

古镇的核心竞争力就是差异化，而寻求差异化的过程就是打造古镇品牌的过程。古镇古街要想获得长远发展，最重要的是做出品牌与特色，最忌讳的是复制和

同质化。古镇更新应当从更完备的产业链进行设计，除了美食和小吃，还可以把农业、手工业乡村特色与古镇旅游发展结合起来，并对基础设施环境进行改造，给现代都市居民提供多元化的产品和体验，带动古镇经济的可持续发展。古镇旅游应深度挖掘古镇古街的民俗文化底蕴，展示出浓郁的民俗风情，不断更新民俗类的消费项目，确定文化主题，寻找有亮点、有特色的休闲娱乐项目，方可脱颖而出。

古镇的商业应该具有古镇的文化特色，商业的内容与格局非常重要。应区分商业化和过度商业化，适度的商业化是古镇社会文化资本向经济资本转移的过程，过度商业化则会对古镇产生不良影响。要探寻商业化与保持传统文化的平衡点，树立具有本土特色的高品位商业文化，通过振兴老字号、开发特色旅游商品等方式，在商业活动中融入古镇特有的文化氛围。同时商业气息应该控制，既要防止古镇本地人没有节制地开店经营行为，也不赞成过多的外地人到古镇经营生意，因为他们对古镇没有与生俱来的情感，很可能会破坏古镇的氛围，使古镇失去原有的韵味。在古镇发展转变的过程中，对本地传统文化要素置之不顾而进行招商引资的舍近求远方法，不利于本土文化的保护。而选择适当的产业，尽量为当地居民提供就业岗位，有利于当地经济、文化的整体发展。为此，政府应提供帮助和引导，例如组织培训、进行产品包装及营销等。

4. 提炼文化基因，融入创新创意元素

每个古镇的主题定位应立足本地资源，重点突出各自独特的文化特色，将传统历史与现代创新创意元素结合，古镇旅游产业与文创产业并举，打造特色古镇，构筑独有的品牌形象。各古镇均具有丰富的可挖掘的资源，传统食品、传统手工艺等众多元素经过包装、推广后都能成为彰显文化特色的地方产业。古镇应该选择适合的产业以重建地方文化和提升当地经济水平。

在不少古镇，扎肉、粽子、熏青豆等传统食品的店铺太多，让人不满，但导致这一问题绝非传统食品不适合古镇发展，而在于售卖传统食品这一方式太单一，吸引力有限。应突破这一单一的方式，为游客提供更多体验，例如让游客参与传统食品的制作。再如，现代社会的工艺制作多为机械化，传统工艺因此更显珍贵，手工艺品所携带的文化信息在商业社会受到青睐，利用传统工艺发展工艺品商业和体验旅游也是适合古镇的选择。在日本，不少历史地区的振兴源于居民发掘地方特色，将一些看似不起眼的要素融入地方产业活动，促进文化经济的发

展，使居民既发现和保存了地方的精华而且改善了自身的生活条件。

5. 将文创植入和渗透到古镇发展各领域，发展多元业态

保留古镇街巷肌理，优化古镇功能布局结构，从而使得原汁原味的古镇风貌得以完整地保存下来，并在传统文化的基础上融入创新创意元素，以发展文创产业为内生驱动力，形成古镇产业发展新模式与新形态。同时，将文创与古镇的各领域相融合，发展多元化的业态，从更完备的产业链进行设计，促进古镇转型升级。

可以将古镇历史上的集市进行现代化的演绎，以创意集市为核心，发展创意体验型商业、旅游休闲配套和创意办公（创客空间），打造"集市体验"，构筑旅游区核心吸引力，聚集活力与人气，进而带动旅游区及整个规划片区的发展。在现代集市中融入文化创意元素，在特定场地展示、售卖个人原创手工作品和收藏品的文化艺术活动，为各类的新兴设计师和艺术家提供开放、多元的创作环境和交易平台，参与门槛相对较低，作品的形式更加多样，受众面更广，更像是一个平民艺术舞台、一个文化创意秀场。集市的功能和意义已由过去的商品交换转变为文创秀场。现代集市是一个具有特色的文化休闲商业空间，更重要的是文化科技创意的展示平台，有助于文化、科技创意产品的推广和吸引风险投资。

古镇上的古街各有特色，根据古街各自特色融入不同的文创元素，进行差异化发展。有的古街历史悠久、文化底蕴深厚、地域性建筑风貌及街巷空间格局独具特色，可以规划以体验休闲为主要功能，在保留传统建筑与街巷格局的基础上，将地域传统文化元素与文创商业业态相融合，发展本土创意餐饮、传统工艺作坊、创意民宿等业态，把古街打造为表达传统文化的文创空间载体。有的古街紧邻河流，生态景观条件优越，文化底蕴深厚，余量空间充足，规划在保留古街部分传统建筑并延续传统街巷格局的基础上，融入时尚与新潮、艺术与科技创新等新兴创意元素，发展现代集市、手作、电子竞技、新科技等商业业态，构筑独具特色的现代建筑风貌，发展新兴创意商业，把古街打造为表达新兴创意文化的空间载体。

将文创产业与古镇旅游相融合，以文化为核心，基于当地历史基因和文化。可以选择市集文化作为演绎和体验的重点，将文化与吃、住、行、游、购、娱等多种业态有机结合，形成旅游功能的三大引擎，构筑多元化的旅游业态。利用古镇文创产业与旅游产业的互动发展，将文创元素融合古镇传统，发展多元业态，共同促进古镇的转型发展。依托山水资源及人文资源，立足商品交易、展示

与体验，复合文化创意、高新科技、夜间休闲、亲水体验等多元化功能，开发创意市集、夜市、水上集市等核心项目，构筑缤纷集市，聚集人气与活力，构建多彩古镇。以创意为特色，在传统旅游体系中融入创意体验与商业休闲，开发集散中心、古街等核心项目，打造创意的商业街。还可以依托文创产业，与集市、商业、旅游相互支撑，开发创客街区、自由大学、文艺场馆等核心项目，打造"城市合伙人"的聚集地和创客集聚地，发展创客产业。

6. 积极推动创新融资模式的参与，政策激励吸引文创人才

古镇转型发展需要大量的资金，因此要采用各类创新的融资模式，灵活运用，互相参与，确保工作的顺利进行。积极拓宽社会资本融资渠道，可以引入各类基金、发行债券等建设模式，以市场化机制带动古镇转型升级发展。在现有财政体制的基础上，进一步加大对古镇建设的财政支持力度，重点支持文化遗产挖掘保护、重大基础设施、公共服务平台和其他配套设施建设。

为古镇注入新功能、新空间有利于提升地方活力，引入品牌有助于提升古镇的知名度，但新功能、名品牌的引入不等于为古镇提供真正有品质的生活空间。在古镇发展转变的过程中，应提高文化、艺术类设施建设与社区结合的程度，而不只为游客开放。必须盘活上海古镇老街的各类社会优质资源，让贴近市民的文创参与社会服务，促进文化产业与社会良性互动，助推上海古镇的文创产业不断发展。

文创人才对文创产业的发展是最强力的支撑，因此，应制定加大税收优惠、强化人才培养、构造文创平台等政策鼓励文创产业的发展，吸引文创人才，促进古镇走向文创产业化之路，进而带动古镇各领域的发展，推动全面转型升级。

7. 维持古镇原住民的原生态形式

古镇更新应当维持原住民的原生态形式，让人体会到的应该是一个动态的、活态的古镇生活，而不是一次静态的博物馆的文物展览，留住生活流的古镇才真正有魅力和价值。

太阳下喝茶聊天的老人、门外做着针线活的女人、四处嬉戏奔跑的孩子、蜷在街角打盹的土狗，还有八仙桌、条凳、瓷坛、木脚盆、箩筐等老房子里的老家具……这些古镇传统的生活器皿、生活习俗、娱乐方式是古镇的重要组成细节，这些细节充分完整地体现了古镇的乡土气息和淳朴闲适。古镇更新中应当注重对

原住民的保留，守护住古镇的生活细节，防止为了局部利益或者某些企业利益就把主要街道的居民搬迁，改变或破坏那种原生态的生活味道、生活习惯。

要保持或强化古镇的古味细节，很重要的一点是要调动原住民参与的积极性。在古镇更新的过程中，要倾听原住民的意见，以促进对古镇文物古迹、民俗风情的保护。要保证居民在古镇旅游发展中获得合理的经济利益，居民才会积极参与古镇景点和项目的开发，对古镇更新的状态进行监督，使古镇资源永续利用。古镇的整体性保护不只保护历史建筑和城镇空间，更重要的是保护居住于其中的社会阶层，使他们连同他们所创造的精神文化一起，融入现代社会的生活秩序中来。

充分考虑当地旅游的接待能力和承受能力，突出考虑如何保障当地居民的利益，把当地居民及其生活内容一并纳入规划之中，而不只是简单的人口迁移，这体现出一种以人为本的规划理念，即当地居民的生活质量比旅游者的需要更重要。

8. 古镇更新要坚持可持续发展原则，坚持合理开发原则

正确处理保护与开发的关系，使经济效益、社会文化、人居环境和谐地成为一个整体，实现既能有效保护古镇文化资源、满足当前人们精神和文化上的需求，又不损害未来的发展，并充分考虑到古镇保护与开发中的整体性、差异性、竞争性、节律性等因素。在可持续发展的原则下始终保持自身发展能力、文化资源的永续利用和古镇生态系统的可持续保持和发展，避免不顾自身能力，盲目冲动，一哄而上，乃至破坏资源的情况发生。

古镇文化是由古镇建筑、自然环境、历史氛围三者融合在一起的综合体，又是古镇物质文化、非物质文化、生态文化三方面结合的有机体，共同构成古镇文化的独特景观。丰富的民俗文化，如竹编、剪纸、刺绣展示出浓郁的民俗风情，河水清澈，古桥静卧，这一切构成了古镇整体性的历史文化环境。

要做到有约束、有限制地开发，尊重历史的原貌，不能为追求短暂的经济利益而牺牲整个古镇的历史文化价值，杜绝缺乏科学规划的盲目开发、乱搞重复建设的粗放型开发模式。同时，要在充分考虑古镇的环境容量、可进入量等因素的基础上，严格控制游客数量，坚决杜绝由于游客周期性超载带来的景区生态环境污染，及此造成的对整个环境的破坏。

第七章

"建筑可阅读"视角下的上海历史建筑活化策略

历史建筑是一种重要的文化载体，不仅承载着一段渐行渐远的历史风烟，更体现着一座城市的内涵和特色，是一座城市的生命与记忆。要读懂上海这本大书，解码这座城市的魅力，历史建筑是一个绕不过去的窗口。

建筑可以阅读，街区适合漫步，城市始终有温度，是上海打造人文之城的未来愿景。上海自全力推进"建筑可阅读"工作以来，一直努力做好城市文脉保护和传承工作。"建筑可阅读"是文旅结合的典型案例，它把文化和旅游真正结合在一起，是从资源到产业的一个转换。对于上海这样一座拥有丰富历史建筑遗产的城市而言，当我们把很多历史建筑串起来时，其意义就会大过建筑本身，进而更好地从阅读建筑上升到阅读城市。

建筑可阅读，为人们搭建了一个新的了解城市的窗口，便于人们了解每幢历史建筑的前世今生、建筑特色和人文故事，就会进一步提高人们的历史建筑保护意识，增加人们对城市的认识，进而留住更多的城市记忆。建筑可阅读，还提高了城市的活力，让历史建筑真正走进了人民群众，不仅宣传了历史建筑，也宣传了城市。这在一定程度上大大提高了城市的发展活力，会吸引更多人参与到历史建筑的保护中，让更多的历史建筑绽放文化魅力。特别是在大力发展文旅融合的当下，历史建筑保护好了，就会吸引更多人到城市观光旅游，给更多的人留下更多美好的记忆。

一、上海历史建筑活化的现状和进展

"建筑可阅读"是近年来上海城市文化旅游领域最为令人瞩目的建设成果之一，是上海这座城市的大 IP，已经成为上海旅游的千万级流量入口，是赋能城市软实力的重要支撑。自 2018 年启动"建筑可阅读"工作以来，上海开展了一系列历史建筑保护活化工程，并大力推进历史建筑对外开放，吸引更多市民游客走近、走进历史建筑。

"建筑可阅读"1.0 版，主要通过在上海历史建筑外墙或周围设置二维码，方便市民游客扫码并了解建筑历史人文故事。经过 3 年时间，建筑可阅读从"扫码阅读"的 1.0 版升级到"建筑开放"的 2.0 版，更多上海历史建筑在条件允许的情况下，向公众张开怀抱，可阅读覆盖范围从最早的 6 个中心城区扩展到全市 16 个区，建筑可阅读开放建筑数量从近百处增至 1039 处，二维码数量从 400 余处上升至 2458 处。主题旅游线路、文创产品如雨后春笋涌现，承载着历史文化的历史建筑，渐渐走入人们的现代生活。2021 年，上海建筑可阅读升级到以数字转型为特征的 3.0 版。通过建筑可阅读全新转型升级，上海着力在体验数字化和服务体系化上取得新成果，着力在市民满意度、社会参与度、跨界融合度上实现新突破。

1. 历史建筑保护力度不断加大

结合城市更新和民生改善，坚持"一片区一方案"的精修细改，以人本化为视角，以保护修复为手段，以文脉传承发扬为内涵，以社区营造和共享为路径，上海通过腾挪置换、更新布展、丰富延展等手段，量体裁衣地保护历史文化风貌区，将那些散布在风貌区的历史建筑，挖掘好、保护好、利用好，让人们走得进去、读得到故事，更体悟得到文脉与精神，由此营造出一个个超越物理空间的新场域，令人可亲可近，放大了城市的独特神韵。

这些可阅读建筑，既有私家花园洋房，也有里弄民居，更有外滩经典建筑；既有企事业办公场所，也有博物馆、纪念馆，更有 A 级景区：打造了一个没有围墙的博物馆群。针对历史建筑风格多样、面广量大的痛点，上海启动"一幢一册"保护档案编制，夯实家底。截至 2020 年底，完成 3151 幢优秀历史建筑档案编制，占比超过 97%。还挑选了部分经典历史建筑，因地制宜开展"一楼一套餐"的试点（图 7-1），即每处历史建筑配有一张邮票、一套明信片、一本书、一

图 7-1　徐汇区一楼一套餐

部纪录片、一支讲解和研究队伍等，全方位、多角度、深层次阅读经典历史建筑。既有标配，改善它的游览空间、提供更好的资讯，同时也围着这些特殊的城市发展见证人定制一些阅读的载体，包括音频视频，当然还包括像周边的业态的提升，一栋建筑一个套餐地往前深化推进。

2. 历史建筑阅读宽度不断丰富

上海"建筑可阅读"依托 VR、二维码等领先技术，让建筑能听、能看、能读、能游成为现实。其中，黄浦区开发"阅读黄浦"微信小程序，勾勒还原了包括"党的诞生地""讲述城厢的故事""上海城市原点"等在内的重要历史和地理片段，串珠成线；静安区通过 VR 全景地图实现了历史建筑的二维码全景阅读，

图 7-2 "漫步普陀·阅享建筑"小程序

通过扫描建筑和景点二维码，就可浸入式阅读和游览，还以"文化＋行走"方式，推出了"漫步苏河湾"线路，串联起苏河湾南北两岸的文化地标；徐汇区以"永不拓宽的马路"为主题，开发了"名人故居之旅""Art-Deco 建筑之旅"等近 20 条体验线路；虹口区以历史建筑、历史街区的活化与更新，历史建筑背后文化故事的传承与发扬，以及历史建筑所孕育非物质文化遗产的保护与开发等为具体形式，以"这里有一条海上长虹，珍藏了一路跨越历史的绝美风光"为主线，整合了历史建筑、历史风貌区和风貌保护街坊在内的各类文化旅游资源；杨浦区凭借有"三个百年"（百年大学、百年工业、百年市政），随处"扫码听故事""VR全景游"；浦东新区历史建筑全部可通过"浦东文物"微信服务号中的"目录查询""查关键字""扫二维码"以及"定位地图"等四种查询方式进行阅读；在普陀区，游客可通过微信扫描铭牌二维码，进入"漫步普陀·阅享建筑"小程序阅读建筑（图 7-2）……市民游客跟随

这些线路，可聆听历史建筑的前世今生，感受城市中的历史人文气息。

　　上海还围绕历史建筑举办"全民评、全民讲、全民拍、全民游、全民创"系列活动，市区两级文旅部门及上海人民出版社、春秋旅游、蜻蜓 FM、美团、字节跳动、腾讯、小红书、携程、大隐书局等市场主体各展所长，吸引全民参与。此外，上海还举办"建筑可阅读"文创市集，推出了近千种相关文创产品，带动了周边商业的发展，既可以帮助更多市民游客了解历史建筑，又能有效推动文创产业发展，使城市文脉在延续中满足人民群众的精神需求。经过近两年推进，如今的上海"建筑可阅读"已从最初的扫二维码呈现历史建筑人文历史，逐步向根据资源特色开发的文创产品发展，让市民游客更立体地了解历史、品味文化。

3. 历史建筑活化深度不断拓展

　　上海因地制宜修缮历史建筑，力图让居民和游客相处和谐。针对保护等级较高的历史建筑，上海跨前一步从建筑修缮转向主动预防，开展预防性保护的探索和研究，强化理念创新、技术创新和机制创新，尽早发现历史建筑存在的潜在风险，及时干预，防患于未然，更好地使历史建筑延年益寿。（图 7-3）

图 7-3　今潮 8 弄历史建筑沉降观测点

图 7-4 "建筑可阅读"十二时辰全媒体大直播

在疫情影响的大背景下，"建筑可阅读"还成为文旅数字化转型的一个样本。上海文旅部门与多家数字新媒体合作，从不同的维度去分析用户需求，去看怎么能更多地助力智慧旅游的发展；引导市民在数字新媒体平台上传自己的历史建筑打卡私房路线，分享历史建筑摄影作品，讲述人与历史建筑的故事，由此逐步建立历史建筑故事、图片数据库；利用数字技术活化一大批历史建筑，探索建立起"互联网＋文化＋旅游"的价值链，全面激活遍布上海的历史文化资源。上海文旅局还创新推出 2021 上海旅游节特别节目——《"建筑可阅读"十二时辰全媒体大直播》（图 7-4），在电视、广播及多家头部互联网平台共同呈现，用"全城接力、全民参与、全媒体呈现"的打开方式，挖掘建筑、街区中积淀的文化特质，采访多位中外著名建筑设计师对上海"建筑可阅读"的独到见解，还连线 SMG 在美国、日本、欧洲站的记者，以开阔的国际视野，展现上海这座面向世界、面向未来的全球城市的独特魅力。

二、上海历史建筑活化的问题和难点

上海历史建筑保护和活化虽然取得了不小的成绩，但仍然存在一些问题亟待解决。

1. 历史建筑的开放力度不够，阅读方式碎片化

眼下上海的历史建筑作为旅游产品的可得性、显示度是不够高的：一方面，是因为地理分散、数量众多；另一方面，是缺乏整体开发与营销。有些游客听说了上海有一个"建筑可阅读"项目，很感兴趣，但是不知道怎么去获得这项服务，还是要满大街去找。个别历史建筑的铭牌设置不合理，或是位置过高，或是被雕塑等物体遮挡，要扫上面二维码十分吃力（图7-5）；一些铭牌的二维码缺损或模糊，同样导致不能成功扫码；不少二维码还存在信息内容有误、信息内容更新不及时等情况，内容排版也没能做到统一，阅读效果并不友好。这些情况不免令人遗憾，要把工作做到极致，还需进一步锤炼精细化的"绣花"功夫。

图7-5 二维码位置过高

调研中还发现，目前仍然存在"牌子好挂门难进"的状况，历史建筑出入口通常会放有"谢绝参观"的提示。对于历史建筑，不仅要保护，还要让它们与市民游客亲近起来，不仅可阅读，还可以走进去，才让更多人了解历史建筑中珍藏的历史文化，令这座城市的人文底蕴更加深厚、文化服务更加丰富。如果只能在外面看，却不能进去参观，难免让人意犹未尽，而且隔着墙，难以一窥究竟，也不能算真正的亲近。与设置二维码相比，开放建筑无疑需要投入更多的人力物力，但所能换来的综合效益，会令努力变得值得。

此外，还存在历史建筑的阅读方式碎片化，建筑背后的人文历史介绍不足，无法满足需求。许多历史建筑的内容供需还处于"读三遍并背诵"的单向模式，

建筑内容创作知识产权不清、数据保护，基础资料欠缺等问题比较突出。由于市场推广、文旅产品开发、解说设计和商业模式构建等多方面的原因，很多游客不仅不能深度了解有关老建筑的知识和故事，获取信息量极为有限，更有可能受到"戏说"历史、任意"解构"文化的影响，很难获得高质量的文化旅游体验。过度追求经济效益而忽视或罔顾历史文化，还会造成极大的破坏和浪费，导致历史建筑的文化价值无法得到充分发挥。

2. 历史建筑的保护大量资源向知名建筑倾斜，可持续利用不足

历史建筑的保护往往有个误区，就是把大量资源向那些已被认定的知名建筑倾斜，但实际上，历史建筑价值的确认是一个动态过程，需要不断寻找和发掘。一些名气不大的历史建筑，本身的旅游吸引力不强，又不能商用，只能默默地关在那里，任凭风吹雨打、虫咬蚁蛀，经年累月，慢慢坍塌。究其原因：一是修缮保护费用过高，自身产生的经济效应不能满足其开支；二是过度的保护，导致老建筑不能充分发挥其价值。

在调研中发现，目前历史建筑保护利用多偏向于保护，开发利用不足，但建筑不像珠宝古董可以束之高阁，建筑存在目的是使用及活化。若一味地修旧如旧，不对其空间格局、室内功能布局进行调整，其适应性及体验感就不能提升，难以真正改善民生。保护与发展不应站在对立面，活化可以实现保护与发展的双赢。历史建筑如果长期只做保护未能很好开发，不能回归生活，就不能真正发挥其价值，不利于它的传承发扬及保护再利用，更严重的就会导致"保护性衰败"而逐步消亡。

当然，受到城市宏观规划与历史建筑保护缺少统筹的影响，历史建筑有自身难以突破的难题。以往历史建筑周边地块规划与功能定位缺乏宏观系统性统筹，往往忽视老房子自身存在难题的协同解决，且现阶段开发以点状居多，宏观层面整体性开发利用情况偏少。如何让历史建筑的区位价值和文化品牌作为动力释放到历史建筑的活化过程中，文旅融合发展不失为符合新时代导向的优选答案。

3. 历史建筑活化还存在传统思维模式，缺乏创新举措

目前制约上海历史建筑活化的瓶颈，主要还在于文化力量未能得到更充分的

发挥。比如历史建筑文创产品在审美设计上趋于保守，吸引力不足。除了静态地展示和观赏，活化历史建筑还需要通过全方位、全业态的渗透和融合，在景点、娱乐、购物、餐饮、住宿、生活等各个方面彰显鲜明的区域文化特质，才能使历史文化要素"润物细无声"地发挥其灵魂效果，推动历史建筑周边的业态升级、经济活跃和文化形象品质化提升。这一方面尚需进一步努力。

此外，上海历史建筑数量多，而且产权关系复杂，部分甚至产权不明，成为活化利用的"拦路虎"。即使产权明晰，也存在业主不愿意或无力承担历史建筑的修缮和维护成本等问题，导致大部分历史建筑只能随着时光流逝而慢慢老去。若受限于现实原因而不敢作为，历史建筑保护便无从谈起。传统的保护思路以政府出资、点状开发居多，这样带来的后果也显而易见：点状开发利用，往往很难使建筑具备持续性造血功能；历史建筑数量众多，政府投资修缮补助占据财政支出比重较大，后续保护利用将会有巨大的经济缺口。

历史建筑保护，胆子不妨再大一些，步子可以再快一些，找到关键点、认准着力点，在不违反法律法规的前提下，争取有所突破。现在有越来越多的年轻人有兴趣参与到历史建筑的活化利用中，但是很多人不知道怎么去开始，一来会花很多冤枉钱，二来也会触碰到红线，反而造成问题。目前有运作经验的民间团队也还不够多，未来希望能够吸引更多的社会力量，不管是团队也好、资金也好，共同参与到历史建筑的活化利用中，不要全部依靠政府。

三、"建筑可阅读"视角下的上海历史建筑活化策略

建筑可阅读。历史建筑本身是有故事的，要把故事留下来，自然要把历史建筑的肌理保护好；历史建筑的故事不应该养在深闺人未识，理应是被尽可能多的人读到、听到、看到、体验到的。我们阅读的是一个个独具美感的历史建筑空间，更是背后一座城市波澜壮阔的发展史、进步史、创新史。加强历史建筑活化，重在以文化增强旅游体验，以体验实现文化传承，以保护历史遗产资源的原真性、完整性为前提，深度开发、再现和活化衍生系列旅游体验产品。同时，上海历史建筑保护活化的探索和实践也会为其他城市文化旅游目的地建设和供给侧改革提供有益借鉴，使文化资源优势真正转化为推动经济发展的动力。

1. 重视历史建筑的保护修缮，鼓励活化利用

上海在历史建筑的保护上一直走在全国前列，保护意识在全国是领先的。要让更多的历史建筑可阅读，就需要不断加强历史建筑的维修和保护。只有保护好，才有可依托、可利用的物质载体。如果没有严密安全的保护和系统周全的调查及档案支撑，建筑可阅读就失去了立足的根本。相关部门可以与专业的建筑师团队合作，做到尊重历史、尊重原貌，修旧如旧，在保护的前提下合理利用。既要有意识保护，也要有慧眼再发现。要多挖掘、赏鉴小众历史建筑，寻找上海的魅力和活力，让越来越多的年轻人也日渐倾心于历史建筑的保护和历史文脉的传承。一些已消失但仍可考证的历史场所，也可作为文旅策划的重要题材，打造新的文化景点。（图7-6）

可根据历史建筑的功能及定位的不同，来分类对其保护及利用。对于有居住功能的历史建筑，应有效提升建筑功能及性能、合理降低居住人口密度，在保护的基础上进行合理改造，解决好保护和使用的矛盾，平衡好传承与发展的关系。

图7-6 已消失的历史场所也可打造景点

图 7-7 邬达克设计的老建筑变身邻里汇

对于一些有开发价值的历史建筑，则分成公益性与经济型两个方面来进行可持续利用——对于拟用于商业用途的历史建筑，应在现行法律法规的框架下进行适宜性改造，点面结合统筹开发，提升建筑活化与造血功能；对于拟用于公益用途的历史建筑（图 7-7），一般具有较重要的政治、历史和人文价值，应当加大宣传力度，争取社会资金的捐赠，同时对建筑周边合理规划布局，在政府主导下进行保护性利用。应进一步优化历史建筑管理制度及体系，制定合理的征收政策，增强政府对历史建筑的控制力，同时优化产权制度，协调产权利益关系，健全历史建筑保护政策。还要建立一个更完善的机制去引导民间的力量，让他们能够有路可循，不断壮大历史建筑活化的民间队伍。

此外，还应加大历史建筑开放力度，进一步扩大可阅读建筑的开放范围。本着历史建筑"应开尽开"工作原则，使大家不仅可以靠"近"建筑扫码，更可以走"进"建筑参观。积极推进这些历史建筑的对外开放，在博物馆日、历史文化名城日等大型活动期间，动员业主配合，提供历史建筑的可参观行程。

2. 统筹文旅资源，做强全域旅游

深化上海历史建筑的保护与活化，就需要统筹文旅资源，搭建好建筑可阅读合作交流平台，不断加强资源整合，促进深度合作，通过共建共享的方式，进一步提升建筑可阅读品牌影响力；创建好建筑可阅读自主管理模式，不断完善工作机制，强化统筹协调，走出合作共赢、协同发展的建筑可阅读发展新路径，使文化资源优势真正转化为推动经济发展的动力。

做好上海历史建筑的保护与活化工作，还需要做强全域旅游，进一步探索历史建筑中商业功能与文化展示功能的平衡，在避免历史建筑过度消费的基础上，整合文旅部门内部资源，可以与旅行社合作，策划开发相关参观线路，整合如百乐门等企业的娱乐餐饮资源，推出集娱乐、餐饮、建筑参观于一体的休闲体验式产品，打造全域旅游新格局。要发挥作为历史建筑网红地标的引流与带动效应，加快实施历史风貌区旅游标识系统的整体建设，不断优化全域旅游的功能配套，使建筑可阅读系列产品形成更好的互动，使市民游客更加深度体验历史建筑。同时，文旅部门可立足于历史建筑特色文化，打造有品质的夜游产品，设计夜景、夜秀、夜市等产品内容，从供给角度推动夜间消费文化时尚化进程。还可根据主题向游客推荐历史建筑旅行线路，游客可以按照推荐线路从一个区游览到另一个区，让人们能够通过多渠道了解每幢优秀历史建筑的建筑特色和人文故事，彰显历史建筑"活化石"作用，也可以促进上海市内全域旅游的发展。

文旅部门还可以与创意设计企业之间展开合作，推动文创和旅游相融合。比如组建历史建筑文创产品智造联盟等组织机构，为历史建筑与文创产业融合提供发展平台，搭建创意智造和研发平台，加强非遗活化利用，不断研发兼具传承性、艺术性、纪念性、实用性的特色旅游商品。有条件时可建设集创作、生产、展示、交易功能于一体的文化产业基地，比如让邮票宣传册、印章、折扇等融合历史建筑特色的文创产品伴随游客回家，促进文化旅有机融合。

3. 推进建筑可阅读服务体系建设，提高公众参与度

要进一步推进上海历史建筑的活化，就要跳出传统思维模式，在建筑可阅读这项工作上加强产品意识。历史建筑不仅是城市内涵的外化，也是文商旅深度融合、高质量发展的抓手。要遵循市场规律，以适应当代游客需求和未来发展趋势

的内容、形式和技术手段，打造受市场欢迎的文旅产品、空间、活动，并建立有生命力的、适时更迭的机制，实现历史建筑的活化。

建筑可阅读是建设在高质量公共服务的基础上的，要不断提升建筑可阅读项目精细化管理水平，把各种建议和意见，进一步通过大数据分析形成报告，为市民游客出行提供参考，为相关单位改善服务提供依据，为后续进一步拓展服务和产品打下基础。要注重建筑可阅读的整体设计，从提升地区安全与文旅体验的角度，通过对人行通道、转角绿化和商铺外摆进行总体谋划，加强对历史建筑周边空间环境的微设计、微更新，使取景拍摄与日常通行有机融合。要优化周边业态，紧紧围绕文旅需求与民生服务，将商铺业态定位、邮所专属服务、特色体验空间及文创产品销售等进行充分融合，使历史建筑风貌区更好地呈现出市民生活与旅游体验的互推共享。

此外，高品质的文化旅游目的地还要满足个性化的需求。要立足不同细分市场，打造针对不同人群的微旅行活动，在有价值、有趣味、有参与性、有仪式感上下功夫，用各种方式增添建筑阅读的趣味性，让游客能够充分了解上海历史建筑的悠久历史，知晓蕴含在建筑中的动人故事，从而拥有不一样的旅游体验。还要推动建筑可阅读服务体系化，出台一套服务质量标准，搭建一个集文创体验、非遗美食、艺术展演等多元艺术形式的平台，打造一支由各领域专家、讲解员和志愿者组成的人才队伍。如邀请专家学者化身为建筑可阅读大使，开设讲座、出版读物，为政府提供决策依据的同时，还能纠正商业资本的弊端；让知识分子群体参与到走读上海的实际行动中，提升建筑可阅读的人文价值和学术品位；吸引设计师和在地艺术家参与到城市社区的微更新中来，提升建筑可阅读的艺术含量和审美趣味；组织各类志愿者宣讲团，提升建筑可阅读的广泛性和公众性。

4. 创新方式构筑建筑阅读文化谱系，构建多样化的传播矩阵

构筑建筑阅读的文化谱系对于活化历史建筑很重要，要让人们看到各种文化是怎么在上海汇流激荡的。大力挖掘历史建筑文化底蕴，除了建筑的年代、风格等这些基本信息，还要考虑阅读的内容如何更丰富、深入。当我们在了解一栋建筑时，流派、柱式等细节固然重要，它可以让人们直观感知这座城市建筑式样的丰富性，但更重要的还在于建筑背后的人文故事以及所在地区的历史，只有知道了这些，才能理解上海历史的与众不同。只有与人产生勾连，建筑才具有生

图 7-8　历史建筑可以结合剧本杀进行活化

命力。

历史建筑的阅读方式是多种多样的，比如有文学的解读，摄影的解读，绘画、音乐的解读（图 7-8），等等，而形式上，可以有音频、短视频，甚至开发建筑可阅读盲盒、手办等文创周边产品。构建起这一传播矩阵，不仅将展示上海文化的个性，在跨文化传播上亦将有所突破。以文化遗产活化丰富文化旅游体验，加快历史建筑的活化利用，通过参观、文化演艺等方式，让目前静止的历史建筑能够真正地向市民和游客开放，让民众全方位体验历史建筑的文化底蕴。

相关部门更要和各类新媒体合作，让更多社会主体一同参与，共同推动上海建筑可阅读。通过采用年轻人喜闻乐见的方式，与各类新媒体合作，构建全媒体运作矩阵。如通过线上平台广泛征集市民游客对历史建筑的游览意见和运营服务建议；邀请市民、游客以历史建筑为载体，通过音频创作与演绎的方式，讲述历史建筑的故事、人与历史建筑的故事；向市民游客征集历史建筑的摄影作品，挖掘其中蕴含的动人故事和不同特色；结合线上话题资源与线下联动，吸引网友游览历史建筑，发布历史建筑相关攻略；邀请大家一起设计历史建筑相关伴手礼，将能够体现出历史建筑背后深刻文化内涵的文创产品在平台进行线上展示。

5. 抓住数字文旅机遇，大力发展在线文旅

疫情之下，上海文旅行业从"停摆"到"复工"，经历了很多困难，需要在

线文旅危中寻机。要抓住数字文旅机遇，适应社会生活数字化转型新需求，推动文化、旅游与数字科技深度融合，升维旅游体验，提升市民游客参与文旅的便捷度。上海历史建筑活化要在建筑可阅读这一领域深入挖掘，建设一批建筑可阅读的城市旅游线路，设置建筑导览二维码系统，实现"一码入口，多种体验"，使建筑可阅读成为体验上海历史、文化和生活的新载体。并通过运用人工智能、物联网、大数据、云平台等多种方式，让建筑可阅读项目实现数字化转型，再跃升一个新台阶。

要通过高科技手段，进一步增强实地参观效果。今后应开发出更多的建筑可阅读小程序，充分利用数据整合、统计分析、地图服务、扫码识别等技术能力，服务前端用户，解构历史建筑，焕发建筑生机。把各种活动积累的音频、图片、攻略等，进一步形成数据库，不断完善功能，实现个性化路线推荐、文创商品购买、微旅行产品购买、建筑打卡评价等新的产品或服务的开发。

为历史建筑设置的二维码标志应该醒目、易扫读，不得触发下载与导览服务无关的信息，确保游客能获得建筑可阅读的良好体验。要用足二维码，在二维码中增设英文导览、视频、三维动画、语音解说、电子墨水墙、VR 等功能，使其承载尽可能丰富的信息，让人们读到平时读不到的东西。在二维码基础上进一步推进，全面实现线上线下"二维码全景阅读"，游客扫描二维码就可浸入式阅读和游览，让未曾走进建筑的百姓通过 VR 全景即可生动感知。以移动互联网产品整合地理空间上的分散旅游吸引物，让人们一站式了解上海有哪些历史建筑，近期有什么相关活动，甚至可以主动把附近历史建筑的二维码推送给市民游客，而不是等着人们去发现。未来，争取做到没有二维码也没关系，通过直接给建筑拍照，照片经过图片识别技术分析后，也能准确地读取图片中的建筑，从而为用户提供一个更便捷的阅读建筑、了解建筑背后历史和文化的方式。

6. 深入挖掘国际经验，为历史建筑活化提供借鉴

首发于上海的"建筑可阅读"活动，是树立上海文化品牌、提升国内国际形象的抓手；是增强全球叙事能力，讲好中国故事的好载体、好素材。从更大的城市发展视野来看，上海作为国际大都市，对标着"纽（约）伦（敦）巴（黎）东（京）"。国外针对发达国家对于历史建筑利用、改造与更新的相关系统研究成果丰厚，实践丰富，美国纽约苏荷区和南街港历史街区、日本的妻龙宿、伦敦道克

兰地区等都是较优秀的保护活化案例。

各国在进行历史建筑保护策略和活化方案设计时都有属于各自的偏好，虽然各自侧重点不同，但各具特色。如英国注重历史建筑的新旧结合，建筑保护体系合理，结构灵活；德国侧重场所精神的延续，公众参与力度高，大到私人企业，小到遗产所有者，热衷并跻身于遗产保护事业；法国擅长历史建筑的功能置换，在建筑保护上稳扎稳打，工作流程清晰明了。在资金援助上，发达国家除了政府对历史建筑大力资助之外，社会企业与协会组织也会成立基金会，自发募捐和集资为历史建筑保护事业提供支持，大大缓解了保护工作的维护与管理的经济压力，更多民间思考的参与也使得历史建筑的活化方式非常灵活多样。

目前，无论是对历史建筑的保护利用理念，还是相关的法律法规条件，我国和发达国家还存在不小的差距。我们应正视差距，时刻与国际接轨，掌握国际历史建筑保护的最新消息，学习借鉴这些国家的经验；同时，要明确差异性，在学习发达国家历史建筑保护观念的同时，结合上海独特的文化背景与现实情况，完善上海建筑保护的模式和制度，力争实现有上海特色的历史建筑保护与活化。

结　语

　　建筑依托于人们的生产发展而出现，又伴随着人们的生活发展而改变。在漫长的历史进程中，它的属性在不断演变，从生存到发展，建筑遗产凝聚了无数的历史、文化、艺术结晶。习近平总书记说："历史文化是城市的灵魂，要像爱惜自己的生命一样保护好城市历史文化遗产。""保护好古建筑、保护好文物就是保存历史，保存城市的文脉，保存历史文化名城无形的优良传统。"建筑遗产的保护与再利用不仅仅是对历史建筑的外部修缮与再生功能的商业开发，更是为了延续其本身具有的文化、艺术及精神价值；让其功能的重生则是使之与城市机能相协调的再利用，使其成为城市机体运作的一部分，而不是脱离城市存在的独立个体。

　　建筑遗产在上海乃至全国的历史文化研究中都处于至关重要的地位，它们记载着先祖们智慧结晶与真实生活，简单形象地为我们再现了当时的生存环境。建筑遗产保护工作成败直接关系着文化遗产的长远发展，关系着一个地区、一个民族的文化自信。我们要加强对建筑遗产的保护，通过放眼于全世界类似建筑管护修缮体系，创新探索适合上海乃至中国国情的科学合理的建筑遗产保护机制，进一步加强建筑遗产的保护再利用与文化旅游产业的融合。

　　要高质量提升建筑遗产保护利用水平，就要建立完善相关的保护制度。相关部门要持续开展建筑遗产普查认定，挖掘潜在资源。从时间、空间维度扩大保护对象范围，探索建筑遗产和与建筑遗产相关的建筑文化、非物质文化遗产等历史保护对象的保护与传承路径，完善建立各级各类保护名录，实现建筑遗产保护利用管理体系"都市—城镇—农村"全域覆盖；规范建筑遗产测绘建档成果，完成上海各批次建筑遗产测绘建档和保护图则编制，为每幢建筑"量身定做"保护、整修、使用的技术指南；在对建筑遗产的修缮过程中，应当遵循"修旧如旧"的原则，尽可能完整地保存建筑遗产原有的历史风貌，避免重建、改建对建筑遗产带来消极的影响；总结建筑遗产保护利用工作经验，加强保护方式和方法的创新研究，针对建筑遗产保护利用的不同模式开展研究；要在自然、人为等方面建立、完善对建筑遗产保护的制度体系，加强自然灾害防范，通过透明、公开建筑遗产的基本信息等强化对其的保护。

要加强文化引领，将建筑遗产保护利用与文化传承创新相结合。深入挖掘建筑遗产文化内涵，塑造上海地域特色风貌，将文化传承、展示与特色塑造融入建筑遗产保护利用全过程，积极推动建筑遗产向符合其文化形象的利用模式转型；加快上海主城区内建筑遗产保护修缮，支持与建筑遗产相适应的文化体验、休闲旅游、研学旅行等创新创意特色经营活动，形成一批建筑遗产活化利用成果，讲好"上海故事"；将建筑遗产与上海老字号、非物质文化遗产打包整合，形成集约效应，可以将代表上海传统文化的丝绸等有形产品，以及传统戏剧、民间文学、民间艺术、传统医药等非物质文化遗产搬到建筑遗产中。建筑遗产保护利用可结合乡村振兴战略与美丽乡村建设，挖掘乡村建筑遗产的特色和价值，将针对宗祠、民居等建筑遗产的保护利用与休闲度假、生态养生、农业旅游等产业发展结合起来，形成一批乡村建筑遗产活态利用成果，助推传统村落乡土文化传承、新农村建设和乡村振兴。

要将数字化助力建筑遗产保护利用，严格执法，扩大监控覆盖。构建全民参与的数字化、信息化平台，运用"互联网＋"和 VR 全景导览等新兴技术，构建建筑遗产二维码、微信公众号等新媒体"微"宣传平台，实现建筑遗产基础资讯对全民开放，引导社会公众积极关注和参与建筑遗产保护利用工作。同时，打造建筑遗产保护利用智慧管理平台，以主城区为重点，建设基于 GIS 地理信息图、信息系统网络、历史建筑数据库的信息平台，强化贯穿"普查推荐—预备名录—基础管理—建筑修缮—再生利用"各环节的历史建筑全寿命动态管理体系。上海建筑遗产具有数量多、体量大、分布广、散的特征，这就要求更加全面地对建筑遗产进行安全等检查，普及和扩容监控平台，使其在监管上能得到有备的保障。

要加强宣传，营造多方参与、互动共享建筑遗产保护新局面。要提升对建筑遗产保护的社会参与度，形成全民参与的良好社会风气，创建多元化的投入机制。短视频会进一步深化文化旅游融合发展，可以制作一系列关于上海建筑遗产保护的短视频，充分发挥短视频在年轻群体中的宣传优势，让短视频激活建筑遗产的传统文化魅力，为总结上海建筑遗产保护利用经验、展示"美丽中国"上海范例搭建宣传交流平台。宣传内容方面，应加强对建筑遗产保护利用政策的宣传力度，强化全社会的保护意识，鼓励和吸引有实力、有社会责任感的企业和民间组织参与保护工作，进一步推动建筑遗产保护利用向社会化、公益化、特色化方向发展。

总之，我们要大胆创新、积极探索符合上海实际的建筑遗产保护利用模式。通过对上海建筑遗产保护的研究，可以更深远地向全国甚至是全世界推广、学习，让各地的建筑遗产不被埋没，而被彰显。上海的建筑遗产是城市历史文化遗产的重要组成部分，是上海的"根"和"魂"，是上海特有的文化基因和独特韵味。建筑遗产的活化利用是上海城市发展的客观需要，对于充分利用城市资源，保护文化遗产，推动城市科学发展具有重要的意义。上海建筑遗产作为城市机体构建中的一部分，见证了城市历史、经济、文化等多方面的发展，镌刻了时代变迁的足迹，并成为城市永恒记忆的载体。对建筑遗产的保护与再利用是延续城市文化、艺术及精神的重要方式，也是营建城市自身独特魅力的途径之一。时间是条流淌的河流，我们的祖先在这条河流上书写了辉煌的篇章，那么将这些灿烂而辉煌的历史展现给子子孙孙就是我们的任务。建筑遗产如同这河流中的一滴，是先祖留给我们及子孙后代的其中一份珍贵的文化遗产，我们应当竭尽全力保护传承建筑遗产，弘扬和延续其文化内涵和历史价值。

参考文献

1. 罗小未、沙永杰、钱宗灏、张晓春、林维航：《上海新天地：旧区改造的建筑历史、人文历史与开发模式的研究》，东南大学出版社 2002 年版。

2. 是明芳：《繁华静处的老房子 上海静安历史建筑》，上海文化出版社 2004 年版。

3. 张艳华：《在文化价值和经济价值之间：上海城市建筑遗产（CBH）保护与再利用》，中国电力出版社 2007 年版。

4. 伍江、王林：《历史文化风貌区保护规划编制与管理 上海城市保护的实践》，同济大学出版社 2007 年版。

5. 王建国：《后工业时代产业建筑遗产保护更新》，中国建筑工业出版社 2008 年版。

6. 陆元鼎、杨新平：《乡土建筑遗产的研究与保护》，同济大学出版社 2008 年版。

7. 陈志华、李秋香：《乡土建筑遗产保护》，黄山书社 2008 年版。

8. 王红军：《美国建筑遗产保护历程研究 对四个主题性事件及其背景的分析》，东南大学出版社 2009 年版。

9. 陈燮君：《上海工业遗产实录》，上海交通大学出版社 2009 年版。

10. 陈燮君：《上海工业遗产新探》，上海交通大学出版社 2009 年版。

11. 常青：《都市遗产的保护与再生聚焦外滩》，同济大学出版社 2009 年版。

12. 金磊：《中国建筑文化遗产》，天津大学出版社 2011 年版。

13. 中国文物学会、传统建筑园林委员会：《建筑文化遗产的传承与保护论文集》，天津大学出版社 2011 年版。

14. 钱宗灏：《阅读上海万国建筑》，上海人民出版社 2011 年版。

15. 林源：《中国建筑遗产保护基础理论》，中国建筑工业出版社 2012 年版。

16. 左琰、安延清：《上海弄堂工厂的死与生》，上海科学技术出版社 2012 年版。

17. 张京成、刘利永、刘光宇：《工业遗产的保护与利用——"创意经济时代"的视角》，北京大学出版社 2013 年版。

18. 宋颖：《上海工业遗产的保护与再利用研究》，复旦大学出版社 2014 年版。

19. 陈明华、马学强：《追寻中的融入 上海复兴中路一个街区的百年变迁》，上海人民出版社 2014 年版。

20. 淳庆：《典型建筑遗产保护技术》，东南大学出版社 2015 年版。

21. 单霁翔：《建筑文化遗产保护》，天津大学出版社 2015 年版。

22. 韦峰：《在历史中重构：工业建筑遗产保护更新理论与实践》，化学工业出版社 2015 年版。

23. 王海松、宾慧中：《上海古建筑》，中国建筑工业出版社 2015 年版。

24. 陈曦：《建筑遗产保护思想的演变》，同济大学出版社 2016 年版。

25. 汉宝德：《东西建筑十讲》，生活·读书·新知三联书店 2016 年版。

26. 蒋楠、王建国：《近现代建筑遗产保护与再利用综合评价》，东南大学出版社 2016 年版。

27. 常青：《建筑遗产的生存策略 保护与利用设计实验》，同济大学出版社 2016 年版。

28. 林佳、王其亨：《中国建筑遗产保护的理念与实践》，中国建筑工业出版社 2017 年版。

29. 薛林平：《建筑遗产保护概论》，中国建筑工业出版社 2017 年版。

30. 刘抚英：《工业遗产保护 筒仓活化与再生》，中国建筑工业出版社 2017 年版。

31. 娄承浩、陶祎珺：《上海百年工业建筑寻迹》，同济大学出版社 2017 年版。

32. 杨一帆：《中国近代建筑遗产的保护和利用》，陕西师范大学出版总社 2018 年版。

33. 顾军：《传统村落与建筑遗产的保护与活化》，学苑出版社 2018 年版。

34. 周小棣、沈旸、相睿、常军富：《时空中的遗产 遗产保护研究的视野·方法·技术》，中国建筑工业出版社 2018 年版。

35. 张晨杰：《永不消失的里弄》，东南大学出版社 2018 年版。

36. 陆其国、张芸：《漫步上海淮海街区》，同济大学出版社 2018 年版。

37. 朱光亚：《建筑遗产保护学》，东南大学出版社 2019 年版。

38. 陈志刚：《艺术：钢铁之都的蝶变 上海吴淞国际艺术城工业遗存转型、更新与发展国际论坛文集》，上海大学出版社 2019 年版。

39. 尚海永：《新型城镇化工业遗产保护与再利用》，社会科学文献出版社 2019 年版。

40. 薛威、李和平：《城镇建成遗产的文化叙事策略研究》，中国建筑工业出版社 2019 年版。

41. 徐进亮：《整体思维下建筑遗产利用研究》，东南大学出版社 2020 年版。

42. 田林：《建筑遗产保护研究》，中国建筑工业出版社 2020 年版。

43. 王瑞玲：《建筑遗产保护利益协调机制研究》，重庆大学出版社 2020 年版。

44. 李芬：《中国传统建筑艺术遗产保护初探》，中国矿业大学出版社有限责任公司 2020 年版。

45. 李伟巍、王爱风：《城市规划中的文化遗产及历史建筑保护研究》，华中科技大学出版社 2020 年版。

46. 顾玄渊：《历史性城镇景观视角下的城市历史空间研究》，中国建筑工业出版社 2020 年版。

47. 陈志华：《建筑遗产保护文献与研究（陈志华文集）》，商务印书馆 2021 年版。

48. 严鹏、陈文佳：《工业文化遗产价值体系、教育传承与工业旅游》，上海社会科学院出版社 2021 年版。

49. 上海市文物局：《活化建筑经典 上海文物建筑保护利用案例》，同济大学出版社 2021 年版。

50. 周俭、张恺：《历史文化遗产保护规划中建筑分类与保护措施》，《城市规划》2001 年第 1 期。

51. 张松：《建筑遗产保护的若干问题探讨——保护文化遗产相关国际宪章的启示》，《城市建筑》2006 年第 12 期。

52. 王建国、蒋楠：《后工业时代中国产业类历史建筑遗产保护性再利用》，《建筑学报》2006 年第 8 期。

53. 阮仪三、李红艳：《原真性视角下的中国建筑遗产保护》，《华中建筑》2008 年第 4 期。

54. 单霁翔：《乡土建筑遗产保护理念与方法研究（上）》，《城市规划》2008 年第 12 期。

55. 单霁翔：《乡土建筑遗产保护理念与方法研究（下）》，《城市规划》2009 年第 1 期。

56. 朱光亚、杨丽霞：《历史建筑保护管理的困惑与思考》，《建筑学报》2010 年第 2 期。

57. 张松、陈鹏：《上海工业建筑遗产保护与创意园区发展——基于虹口区的调查、分析及其思考》，《建筑学报》2010 年第 12 期。

58. 石坚韧：《旅游城市的建筑文化遗产与历史街区保护修缮策略研究》，《经济地理》2010 年第 3 期。

59. 吴美萍、朱光亚：《建筑遗产的预防性保护研究初探》，《建筑学报》2010 年第 6 期。

60. 张健、隋倩婧、吕元：《工业遗产价值标准及适宜性再利用模式初探》，《建筑学报》2011 年第 5 期。

61. 刘伯英：《工业建筑遗产保护发展综述》，《建筑学报》2012 年第 1 期。

62. 张晨杰：《基于遗产角度的上海里弄建筑现状空间研究》，《城市规划学刊》2015 年第 7 期。

63. 常青：《对建筑遗产基本问题的认知》，《建筑遗产》2016 年第 2 期。

64. 张涵：《旧工业建筑遗产的创意改造——上海 1933 老场坊改造设计探究》，《建筑与文化》2016 年第 2 期。

65. 张朝枝、刘诗夏：《城市更新与遗产活化利用：旅游的角色与功能》，《城市观察》2016 年第 10 期。

66. 张松：《作为人居形式的传统村落及其整体性保护》，《城市规划学刊》2017 年第 3 期。

67. 郑时龄：《上海的城市更新与历史建筑保护》，《中国科学院院刊》2017 年第 7 期。

68. 张松：《城市建成遗产概念的生成及其启示》，《建筑遗产》2017 年第 8 期。

69. 孙华：《遗产价值的若干问题——遗产价值的本质、属性、结构、类型和评价》，《中国文化遗产》2019 年第 1 期。

70. 韩贵红：《城市界面的视觉阅读与审美模型——以上海外滩海派历史街区为例》，《美术大观》2019 年第 11 期。

71. 李昊、崔国、周详：《互联网时代下城市空间品质提升与特色保护》，《景观设计学》2020 年第 10 期。

72. 谈燕君：《互联网时代下网红景观设计思考》，《中国住宅设施》2020 年第 1 期。

73. 顾卓行、杨春侠：《基于多代理模拟的公共空间生形研究——以衡复历史文化风貌区复兴路片区为例》，《住宅科技》2020 年第 8 期。

74. 周承君、胡鹏飞：《"文化 IP" 在区域文旅产业中的应用策略探索》，《辽宁经济》2020 年第 12 期。

75. 张晓潇、沙永杰：《保护规划与实施落地之间的关系——以上海武康路项目为例》，《城市建筑》2020 年第 12 期。

76. 柳思如、盛嘉祺、许鑫：《愚园梦忆录：从历史文化街区到网红旅游产品的融合路径》，《图书馆论坛》2020 年第 5 期。

77. 郝杰、李依彤：《文旅融合背景下杭州市历史建筑保护利用研究》，《美与时代（城市版）》2021 年第 11 期。

78. 孙冰、田波、李轩：《城市更新中的历史建筑保护策略研究综述》，《建筑与文化》2021 年第 11 期。

79. 陈雳、左秀明、姜芄：《从修复到创作——建筑遗产活化利用及干预尺度探讨》，《华中建筑》2021 年第 11 期。

80. 李建、陈青长、马溪茵：《"纤维街区" 理念下的上海杨浦船厂片区城市设计策略探讨》，《规划师》2021 年第 7 期。

图书在版编目(CIP)数据

上海建筑遗产保护再利用研究/张磊著. —上海：
上海人民出版社,2022
(上海艺术研究中心"海派文化艺术研究"系列丛书)
ISBN 978-7-208-17890-8

Ⅰ.①上… Ⅱ.①张… Ⅲ.①建筑-文化遗产-保护
-研究-上海 Ⅳ.①TU-87

中国版本图书馆 CIP 数据核字(2022)第 156690 号

责任编辑 赵蔚华
封面设计 邵 旻

上海艺术研究中心"海派文化艺术研究"系列丛书
上海建筑遗产保护再利用研究
张 磊 著

出   版 上海人民出版社
         (201101 上海市闵行区号景路 159 弄 C 座)
发   行 上海人民出版社发行中心
印   刷 上海商务联西印刷有限公司
开   本 720×1000 1/16
印   张 15.5
插   页 4
字   数 250,000
版   次 2022 年 10 月第 1 版
印   次 2022 年 10 月第 1 次印刷
ISBN 978-7-208-17890-8/J·648
定   价 78.00 元